L'ÉVALUATION TECHNOLOGIQUE

Pour mieux investir dans les nouvelles technologies

Catalogage avant publication de Bibliothèque et Archives nationales du Québec et Bibliothèque et Archives Canada

Crescent, René, 1949-

L'évaluation technologique: pour mieux investir dans les nouvelles technologies

Comprend des réf. bibliogr.

ISBN 978-2-89544-116-8

1. Innovations – Évaluation. 2. Investissements. 3. Technologie – Évaluation. 4. Innovations – Finances. I. Titre.

HD45.C73 2007 658.4'062 C2007-941531-8

René Crescent

L'ÉVALUATION TECHNOLOGIQUE

Pour mieux investir dans les nouvelles technologies

ÉDITIONS MULTIMONDES

ISBN: 978-2-89544-116-8
Dépôt légal – Bibliothèque et Archives nationales du Québec, 2007
Dépôt légal – Bibliothèque et Archives Canada, 2007

ÉDITIONS MULTIMONDES
930, rue Pouliot
Québec (Québec) G1V 3N9
CANADA
Téléphone: 418 651-3885
Téléphone sans frais: 1 800 840-3029
Télécopie: 418 651-6822
Télécopie sans frais: 1 888 303-5931
multimondes@multim.com
http://www.multim.com

DISTRIBUTION AU CANADA
PROLOGUE INC.
1650, boul. Lionel-Bertrand
Boisbriand (Québec) J7H 1N7
CANADA
Téléphone: 450 434-0306
Tél. sans frais: 1 800 363-2864
Télécopie: 450 434-2627
Téléc. sans frais: 1 800 361-8088
prologue@prologue.ca
http://www.prologue.ca

DISTRIBUTION EN BELGIQUE
La SDL Caravelle S.A.
Rue du Pré aux Oies, 303
Bruxelles
BELGIQUE
Téléphone: +32 2 240.93.00
Télécopie: +32 2 216.35.98
Sarah.Olivier@SDLCaravelle.com
http://www.SDLCaravelle.com/

DISTRIBUTION EN FRANCE
LIBRAIRIE DU QUÉBEC
30, rue Gay-Lussac
75005 Paris
FRANCE
Téléphone: 01 43 54 49 02
Télécopie: 01 43 54 39 15
direction@librairieduquebec.fr
http://www.librairieduquebec.fr

DISTRIBUTION EN SUISSE
SERVIDIS SA
chemin des chalets 7
CH-1279 Chavannes-de-Bogis
SUISSE
Téléphone: (021) 803 26 26
Télécopie: (021) 803 26 29
pgavillet@servidis.ch
http://www.servidis.ch

Les Éditions MultiMondes reconnaissent l'aide financière du gouvernement du Canada par l'entremise du Programme d'aide au développement de l'industrie de l'édition (PADIÉ) pour leurs activités d'édition. Elles remercient la Société de développement des entreprises culturelles du Québec (SODEC) pour son aide à l'édition et à la promotion.

Gouvernement du Québec – Programme de crédit d'impôt pour l'édition de livres– gestion SODEC.

100%

Imprimé avec de l'encre végétale sur du papier Rolland Enviro 100, contenant 100% de fibres recyclées postconsommation, certifié Éco-Logo, procédé sans chlore et fabriqué à partir d'énergie biogaz.

IMPRIMÉ AU CANADA/PRINTED IN CANADA

Il faut être juste avant d'être généreux,
comme on a des chemises avant d'avoir des dentelles.

Chamfort

Il faut se situer constamment entre deux rôles:
d'une part, celui de rabat-joie et,
d'autre part, celui de complice de l'utopie.

Pierre Bourdieu

Remerciements

Ce livre est fondé sur une pratique du développement technologique qui n'aurait pas été possible sans le soutien et la confiance de nombreuses personnes : coéquipiers, collègues, patrons, employés et amis. Puissent-ils ici, malgré l'anonymat dans lesquels je les conserve, se reconnaître et recevoir mes remerciements les plus chaleureux.

Je remercie également mon épouse, Joanne Munn dont l'écoute attentive est mon guide le plus sûr et à laquelle le chapitre sur l'évaluation des compétences ainsi que le questionnaire doivent beaucoup.

Je tiens également à remercier Louis Delage qui a relu la première version de cet ouvrage et m'a fait bénéficier de ses commentaires.

Et puisque tout livre se veut, avant tout, une contribution à la société, que soit remercié l'homme qui le premier a montré, au jeune chercheur ivre de science et de savoir que je fus un jour, qu'un rôle tout aussi noble et ô combien indispensable l'attendait : celui « d'homme social » (*shakaijin*). Je remercie donc du fond du cœur M. Takeshi Tokiwa ainsi que toute sa famille.

Avant-propos

Ce livre s'adresse à tous ceux et celles à qui l'on demande un jour d'investir argent, efforts, temps ou compétences dans le développement d'une nouvelle technologie.

Plus particulièrement, il s'adresse :

- À ceux qui sont appelés à se prononcer sur la faisabilité d'une idée ou d'une invention portant sur une nouvelle technologie.
- À ceux qui sont sollicités afin de soutenir, par des injections de capitaux, l'émergence de nouvelles technologies.
- À ceux à qui l'on propose, dans le cadre d'un nouvel emploi ou d'une nouvelle responsabilité, de s'investir dans le développement d'une nouvelle technologie.
- À tous ceux qui veulent réfléchir aux meilleurs moyens de maximiser le retour sur l'investissement dans le domaine des nouvelles technologies.

Il s'adresse :

- Aux dirigeants d'entreprises ;
- Aux gestionnaires de capital de risque ;
- Aux investisseurs ;
- Aux consultants, aux professeurs ;
- Aux ingénieurs, aux chercheurs et aux professionnels ;
- Aux technologues, aux techniciens et aux étudiants.

Il est dédié à tous ceux et celles qui sont amenés à se poser les questions suivantes : Quelle est la valeur réelle de cette technologie ? Est-elle véritablement innovante ? Potentiellement compétitive ? Quelles sont les forces qui l'animent ? Les faiblesses qui la minent ? Les écueils qui la guettent ? Est-elle protégée par des brevets ? Ceux-ci sont-ils *solides ?*

Quelle est la probabilité de réaliser le rêve de l'inventeur et d'atteindre le stade industriel? L'inventeur et son équipe ont-ils les compétences et la motivation nécessaires pour résoudre tous les problèmes qui ne manqueront pas de se poser au cours du développement?

Il s'adresse à tous ceux qui gèrent du capital de risque; à tous ceux que les échecs du passé ont rendus prudents et «frileux»[1]. À tous ceux qui ne veulent plus mener de «revue diligente» (*due diligence*) sans intégrer l'évaluation technologique au cœur même de leur processus.

Je l'ai écrit pour ceux et celles qui ont compris que nous disposons tous, individuellement et à chaque instant de notre vie, d'un petit capital de temps, de talents, et d'argent qu'il nous incombe d'investir judicieusement si nous voulons en profiter et en faire profiter la société tout entière. Enfin, il s'adresse à tous ceux qui savent qu'investir judicieusement n'est pas chose facile, car le monde est turbulent et ses ressorts cachés, car les hommes sont inconstants et leurs ambitions souvent tenues secrètes.

---

1. Il est bon de relire, dans le supplément au numéro 309 de la revue *La Recherche* qui fut publié il y a presque dix ans (mai 1998) et qui était intitulé: «Un modèle? Science et innovation au Québec», l'article que consacra Yan de Kerorguen au capital de risque québécois: «Un exemple pour la France: le «capital de risque». Quel serait donc le portrait de la situation aujourd'hui?

Table des matières

Introduction

Essayons, rapidement et sans nous embarrasser de longs discours, d'atteindre le cœur du problème. Commençons par rappeler deux grandes vérités.

- L'univers des idées est infini et illimité; le monde de l'argent est fini et limité.
- Pour passer de l'idée à l'objet et de l'invention à l'innovation, il faut utiliser du temps, de l'énergie et des matériaux; il faut utiliser de l'argent, beaucoup d'argent. Créer, c'est dépenser[1].

Quand on réunit ces deux vérités, une conclusion s'impose en trois volets:

- Toutes les inventions ne deviendront pas des innovations.
- Toutes les idées ne pourront être matérialisées.
- Tous les rêves ne sauraient être réalisés.

Un corollaire n'est pas moins évident.

- Pour maximiser la richesse de nos sociétés, il faut choisir les idées et les inventions les plus prometteuses. Ce sont elles, et elles seulement, qu'il convient de retenir, de protéger, de développer, d'approfondir, d'épurer, d'affiner, d'appliquer, d'implanter, d'appuyer, de financer, de diffuser, de consolider, de supporter, de maintenir, d'entretenir, etc.

  Soulignons ici que les idées les plus prometteuses sont, au stade le plus élémentaire du développement technique et industriel, non pas celles qui rapporteront beaucoup d'argent dans le futur mais celles qui peuvent, au présent, tout simplement être amenées à la réalité. Ce sont les idées qui pourront devenir des choses ou qui pourront transformer des choses[2]. Ces choses peuvent être des biens de consommation, des machines, des appareils, des outils, des programmes, des structures, des documents, etc.

Nous voici donc, en quelques pas, arrivés au cœur du problème. Pour ne pas gaspiller nos ressources financières, pour investir à bon escient, pour développer rationnellement nos secteurs industriels[3], pour en créer de nouveaux, pour soutenir ceux qui émergent, pour raviver ceux qui s'essoufflent, il faut avant tout disposer d'une méthode qui permette d'évaluer le potentiel technologique et industriel d'une idée ou d'une invention nouvelle. Il faut disposer d'une méthode qui permette de choisir, parmi les millions d'idées qui sont émises et les milliers d'inventions qui apparaissent chaque année, celles qui possèdent un fort potentiel technologique et industriel. Il faut identifier les concepts qui sont faisables; les idées qui sont réalisables. On pourrait ajouter «à moindre coût» ou «avec le plus grand retour possible sur l'investissement» mais, nous venons de le dire, le cœur du problème n'est pas là.

---

1. Et avoir des pensées, c'est créer!
2. Pour transformer les choses, il faut des choses et de l'énergie, évidemment!
3. Dans un ouvrage récent, deux économistes de renom suggèrent aux grandes entreprises de ne pas concentrer leurs efforts à l'innovation technologique mais de confier celle-ci aux petites entreprises. Fondées sur une vision très juste des différences culturelles qui existent entre les multinationales et les PME, leurs recommandations soulèvent toutefois une question fondamentale: celle de l'évaluation technologique. Comment ces grandes compagnies identifieront-elles les PME (et les nouvelles technologies) qu'elles décideront de soutenir et de financer?

   «All this led us to propose that established firms should leave the task of creation to the «market» – the zillions of small start-up firms around the world that have the requisite skills and attitudes to succeed at this game [...] The established company could serve as a venture capitalist to these leader firms».

   Constantinos C. Markides, Paul A. Geroski, *Fast second. How smart companies bypass radical innovation to enter and dominate new markets*, John Wiley & Sons, Inc., 2005, p. 163, ISBN 0-7879-7154-5.

Le contexte

Le financement de l'innovation

Tout commence de la façon la plus anodine qui soit : par une demande d'argent.

Un ami, un collègue, un partenaire, un client nous demande de l'argent. Il nous demande NOTRE argent.

Que ce soit celui que nous possédons en propre si nous sommes un particulier, que ce soit celui dont nous avons la garde si nous travaillons pour une institution financière, cela ne fait pas de différence. Il nous demande « de l'argent », point.

Il en a besoin, dit-il, pour explorer, réaliser, tester ou valider une nouvelle idée. Pour lancer un nouveau produit, pour ouvrir de nouveaux marchés, pour combler un nouveau besoin et surtout pour créer des emplois, créer de la richesse, accroître la compétitivité, faire naître une nouvelle grappe industrielle, que sais-je encore ?

Son discours est enthousiaste.

Il est si certain du succès qu'il n'hésite pas à nous demander de financer ses activités.

Il est si certain du succès qu'il nous promet un bon rendement sur notre investissement.

Il est si positif, si dynamique, si bien en maîtrise de son dossier que nous nous posons la question suivante :

– Dois-je investir ?

Question qui débouchera très vite sur l'interrogation beaucoup plus pernicieuse :

– Puis-je me permettre de ne pas investir ?

Personne ne voulant investir à perte, nous voici cherchant des moyens de minimiser nos risques.

Le premier moyen qui nous vient à l'idée est très simple. Imaginons, par exemple, que notre interlocuteur, notre «inventeur», ait conçu un nouveau type de bouton. Nous demanderons à voir un exemplaire, un prototype du nouveau produit. Nous avons confiance en notre jugement; lorsque le produit sera sur la table, devant nous, lorsque nous pourrons le toucher, le manipuler, nous nous ferons notre propre idée quant à ses chances de succès.

Un second moyen n'est guère plus compliqué. Nous demanderons à l'inventeur d'essayer d'en vendre quelques-uns et de revenir nous voir. Si le marché se montre réceptif, nous financerons la production à plus grande échelle.

Il existe évidemment de nombreuses variations autour de ce cas très simple et très simplifié. Le produit initial, par exemple, pourrait ne pas recevoir l'aval du marché alors que de légères modifications de son design ou de ses fonctions pourraient l'amener au succès. En général, toutefois, ce schéma reste valable.

Il est par contre un cas dans lequel le jugement est beaucoup plus difficile, c'est celui dans lequel l'inventeur (et demandeur de financement) a inventé (ou se targue d'avoir inventé) non pas un nouveau produit mais une nouvelle technologie.

Reprenons l'exemple du bouton. Dans le second cas, l'inventeur n'a pas inventé un nouveau bouton mais une nouvelle façon de produire des boutons. Il a inventé, non seulement une nouvelle machine, mais il a imaginé toute une ligne de production : il a inventé une nouvelle *technologie* qui permettrait de produire, par exemple, des boutons à plus bas coût qu'avec toutes les autres technologies existantes.

Dans un tel cas, nous ne pouvons évidemment pas lui demander de nous montrer cette nouvelle ligne de production. Nous ne pouvons pas, non plus, exiger d'examiner un premier ensemble de données démontrant ces plus faibles coûts de production car l'investissement nécessaire pour obtenir ces données dépasse de loin les capacités financières de l'inventeur.

L'inventeur est d'ailleurs d'accord avec toutes nos questions. Il les accepte. Il se les approprie. Il veut y répondre. Il veut nous satisfaire. Ah! Comme il le veut! Et comme il promet de le faire. C'est d'ailleurs précisément pour cela qu'il a besoin de notre argent. Non! Les inventeurs[1] ne sont pas les têtes de linottes que certains se plaisent à imaginer!

Pour répondre à la question: dois-je investir? Nous devons donc évaluer cette technologie[2]. Nous devons juger de sa faisabilité. Nous devons jauger ses chances de succès *technologique* (c'est-à-dire que nous devons estimer la probabilité qu'elle produise les boutons désirés au coût prévu).

Dans les chapitres qui suivent nous dégagerons quelques grands principes qui, selon nous, doivent guider et accompagner cette démarche d'évaluation technologique.

Les deux dessins reproduits ci-après visent à fournir une perception intuitive des différences de complexité qui existent entre une technologie et un produit[3]. Ils sont tous deux reliés à l'exemple considéré précédemment: les boutons et leur fabrication. Ils proviennent l'un et l'autre de brevets accordés aux États-Unis dans les années 20. Ajoutons, en toute rigueur, que la machine qui est montrée ici n'a pas été conçue spécifiquement pour fabriquer le bouton à deux trous qui figure sur l'autre dessin. Ajoutons aussi qu'une ligne de production de boutons comprendrait d'autres machines (en plus de celle-ci).

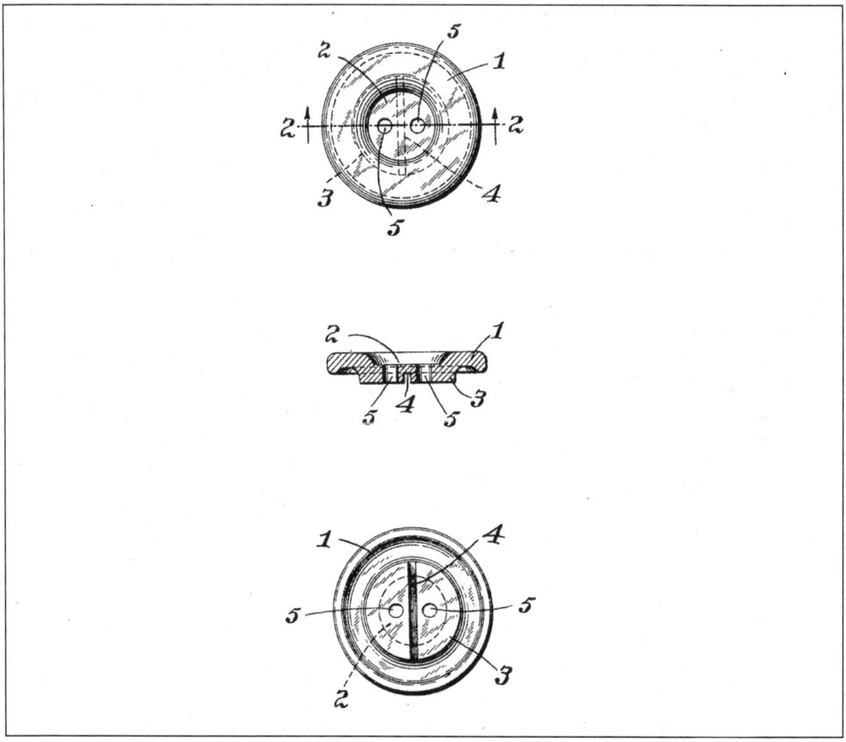

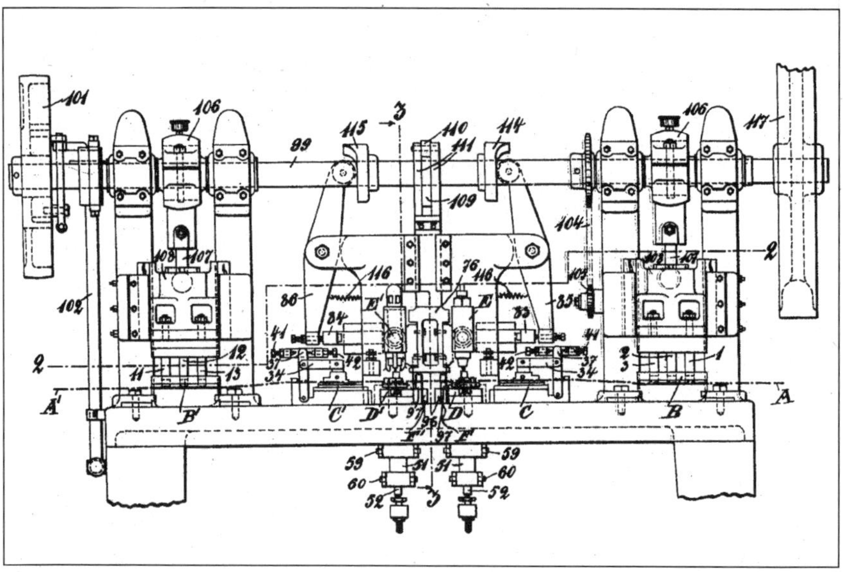

De haut en bas, brevets US 1,581,706 (20 avril 1926) «Two-hole button» et US 1,632,642 (14 juin 1927) «Machine for the manufacturing of buttons»

1. Le promoteur, le directeur (de l'entreprise fondée *autour* de l'inventeur) ou l'inventeur n'ont ni les mêmes approches, ni les mêmes sensibilités, ni surtout les mêmes techniques de vente, d'influence et aussi, de manipulation... Il convient d'en être conscient. Il est nécessaire de s'y ajuster!
2. Lorsque l'inventeur a créé son entreprise, nous désirerons également évaluer les chances de succès (ou de «survie»!) de cette entreprise. Notre évaluation débordera alors le champ de l'évaluation technologique pour couvrir, en particulier, les volets financiers, commerciaux, etc. Nous nous limitons, dans le présent ouvrage à l'examen du volet technologique et scientifique.
3. La frontière est parfois mince entre «nouveau produit» et «nouvelle technologie», la technologie s'exprimant toujours par l'utilisation de produits (machines, pièces d'équipements, outils par exemple). Il convient donc de toujours se demander si un nouveau produit n'incorpore pas une nouvelle technologie. Ajoutons que parfois, l'inventeur minimise le volet «nouvelle technologie» (ainsi que le risque qui y est associé). Citons, par exemple, le cas de cet inventeur qui nous demanda un jour de l'assister. Il avait conçu un nouveau type de transport urbain. Il avait travaillé si fort qu'il en était venu à dessiner les plans d'une nouvelle ville. Rien ne manquait, ni le détail des gares, ni la forme des trottoirs, ni même le système de guidage et d'orientation des véhicules. Tout était conçu ou presque. Il lui restait à faire exécuter en sous-traitance un contrat bien insignifiant et d'une telle trivialité! Il s'agissait de faire concevoir et fabriquer un premier prototype du moteur qui équiperait tous les véhicules. Lorsque nous lui fîmes remarquer qu'en ce domaine, les entreprises prêtes à l'aider ne manquaient pas il nous corrigea en nous disant que nous sous-estimions la résistance des ingénieurs «traditionnels» et de la communauté scientifique devant... les moteurs fonctionnant par «annulation des ondes gravitationnelles», moteurs dont le principe était pourtant simple (puisqu'il s'agissait, non pas de *créer* quelque chose mais d'*annuler* un effet: celui de la gravité attirant le véhicule vers le sol) et dont l'utilisation permettrait aux véhicules de «flotter» silencieusement et doucement au-dessus des voies de circulation sans utiliser, ni combustible pétrolier, ni énergie électrique!

L'objet de l'évaluation

Les technologies

La notion de technologie est, de façon surprenante, plutôt mal définie dans les dictionnaires. Nous avons parlé de cela dans un ouvrage précédent[1]. Nous n'y reviendrons pas.

Par ailleurs, il ne nous est pas tant nécessaire de chercher une bonne définition du terme «technologie» qu'il nous est indispensable de circonscrire le domaine qui sera livré à notre processus d'évaluation. C'est ce que nous allons essayer d'accomplir ci-dessous. Précisons que nous n'essayerons pas ici de faire œuvre de philosophe ou de lexicographe. Nous viserons simplement à dégager et à transmettre une perception intuitive du domaine; nous ne chercherons pas à en donner une définition rigoureuse et exhaustive.

Commençons par le borner, ce domaine et pour cela, affirmons d'emblée qu'il ne saurait s'agir d'évaluer ni des technologies qui sont déjà utilisées ni des idées pures ou des idéations[2]. Nous n'évaluerons ni les inventions passées, ni les inventions qu'un futur lointain pourrait voir naître. Nous évaluerons les inventions actuelles; celles qui nous seront présentées. Il s'agira donc d'évaluer des idées qui *pourraient*, qui *devraient* être concrétisées. Des idées qui pourraient être *matérialisées.* Insistons davantage. Il s'agit d'évaluer des idées non pas qui *pourraient être* mais qui *seront* un jour transformées en objets. La question de fond est donc simple. Cette question est: quels sont ces objets (réels ou potentiels) qui seront soumis à l'évaluation?

Essayons, sans «rien omettre, et sans prévariquer» (comme le disait si bien Racine) de trouver une description qui soit assez lâche et assez large pour s'appliquer à la plupart de ces objets. La voici.

> *Ce sont des objets destinés à caractériser ou transformer la matière ou encore, des objets destinés à faciliter, contrôler, qualifier, quantifier la transformation de la matière et des matériaux. Ces objets seront donc associés à un* effet, *soit un effet produit sur la matière, soit un effet produit sur les machines ou les procédés qui transformeront cette matière, soit un effet produit par la matière elle-même. Cet effet devra être prévisible, reproductible et contrôlable.*

Voyons maintenant quel domaine, circonscrit par cette définition, sera soumis à notre processus d'évaluation. Considérons, pour cela, quatre objets bien différents.

Commençons par un verre. Un verre ne saurait être qualifié de «technologie». Pour le produire, pour le fabriquer, il aura fallu appliquer, utiliser diverses technologies mais un verre n'est qu'un simple bien de consommation. Un verre ne facilite, n'assiste en rien une transformation de matière et la production d'un autre bien de consommation[3].

Considérons maintenant une bouilloire. Cette bouilloire, quant à elle, ne se contente pas de recevoir un liquide. Elle le modifie; elle le transforme. Elle chauffe et réchauffe de l'eau; elle l'amène à ébullition. Son fonctionnement est fondé sur les principes scientifiques de la thermodynamique. Son contrôle exige, continûment, une traduction de ces lois. Selon notre définition, une bouilloire véhicule une technologie. Une bouilloire est une technologie[4, 5, 6].

Troisième objet: le laminoir avec lequel on fabrique la tôle d'acier qui est utilisée pour fabriquer la bouilloire. Ici, aucune équivoque, le laminage mérite clairement d'être qualifié de technologie (comme le sera tout aussi naturellement le soudage utilisé pour assembler plusieurs tôles ensemble ou l'emboutissage et le pressage utilisés pour leur conférer une forme).

Quatrième et dernier objet: l'ensemble composé du logiciel, des senseurs et des appareils utilisés pour contrôler le laminoir. Cet objet composite mérite lui aussi d'être qualifié de technologie (de contrôle du procédé).

Soulignons, par ailleurs, que toute la chaîne des procédés qui est utilisée pour fabriquer un objet complexe peut également être qualifiée de «technologie» si elle possède quelques particularités et spécificités. Une technologie peut donc englober, utiliser, *recouvrir* d'autres technologies. Arrêtons ici. Nous avons, de notre champ d'investigation, une perception intuitive suffisante.

Résumons. Le champ de la technologie est immense et les technologies innombrables. Évaluer une technologie signifiera presque toujours évaluer un «objet»[7] ET l'effet qu'il sera destiné à produire, à contrôler ou à mesurer. L'objet devra être réalisable[8]; l'effet devra être, à tout le moins, réel, reproductible et significatif[9].

---

1. *La technologie – Une culture, des pratiques et des acteurs,* René Crescent, Richard Langlois, Éditions MultiMondes, 2004, ISBN 2-89544-066-2.
2. Sauf en ce qui concerne les exemples que nous considérerons dans ce livre (car ententes de confidentialité obligent!).
3. Quoique... Pris avec calme et modération, un petit verre (d'eau bien sûr!) ne nuit en rien à la production!
4. Une définition du mot «technologie» donnée par le *Petit Larousse* s'applique ici très bien. Cette définition est la suivante: «ensemble de savoirs et de pratiques, fondés sur des principes scientifiques, dans un domaine technique».
5. Remarquons, en passant, que si nous acceptons volontiers de voir en une bouilloire industrielle l'expression d'une technologie, nous le voyons moins facilement pour la bouilloire domestique que nous utilisons tous les jours. Cette perception mériterait d'être analysée. Mentionnons aussi que là où parfois le commun des mortels ne voit qu'une *technique* simple et grossière, l'expert voit, quant à lui, une *technologie* complexe. Le collage pourrait servir d'exemple. Au fond, les technologies apparaissent lorsque les techniques s'affinent, se complexifient et opèrent en synergie. Par ailleurs, ce ne sont pas seulement les techniques qui se transforment en technologies; les sciences aussi. C'est ainsi qu'en 1994 déjà, Jean-Pierre Séris écrivait: «Sous nos yeux, la biologie vient de devenir une biotechnologie», dans *La Technique*, PUF, 1994, p. 369, ISBN 2-13-051152-X).
6. Le caractère un peu surprenant que prendra cette phrase pour un lecteur exclusivement francophone s'explique par l'emploi encore restreint du mot «technologie» en français classique. Pour en avoir une illustration, nous avons cherché, dans Internet, l'expression «technologie bouilloires» et obtenu zéro résultat (avec un seul moteur de recherche); lorsque nous avons entré l'expression anglaise «*boiler technology*» nous avons obtenu 135 000 résultats (avec le même moteur de recherche)!

   Concluons ce commentaire en citant une phrase d'un auteur anglophone: «*What do cooking, gardening, sewing, hunting, fishing, smelting metals, chemical processing and bio-engineering have in common? Yes, these are all technologies, ways of doing things.*» (Chris De Bresson, *Understanding Technological Change*, Black Rose Books, 1987, ISBN 0-920057-27-6).
7. Cet objet pourra être un appareil, un réacteur, une pièce d'équipement, une machine, etc. Il pourra aussi être une ligne de production, un ensemble d'unités de traitement (d'eau, de gaz, etc.), un système de mesure ou de contrôle, etc.

8. Avec les technologies dont *on dispose au moment de l'évaluation*. Cette «évidence» mérite d'être rappelée car, comme nous le verrons par la suite, certains inventeurs font dépendre leur invention d'éventuelles et d'hypothétiques avancées de la science et de la technologie (avancées dont la probabilité apparaîtra parfois comme bien faible à un expert!).
9. Ce dernier mot peut ici recouvrir des concepts à la fois statistiques et économiques (l'intensité de l'effet devant être justifiée par le coût auquel il a été obtenu (et inversement!)).

La préparation à l'évaluation

La sensibilisation culturelle

Dans le chapitre précédent, nous avons examiné le cas où un inventeur demande de supporter financièrement le développement d'une nouvelle technologie. Nous avons suggéré de n'accorder ce financement qu'après avoir procédé à une évaluation de cette nouvelle technologie.

Dans ce chapitre-ci, nous allons examiner la question de l'attitude qu'il faut adopter pour pouvoir procéder sereinement à cette évaluation technologique. Le sujet peut paraître insignifiant, superfétatoire même. Il ne l'est pas.

Le monde de l'invention, le monde dans lequel vit l'inventeur, est saturé d'émotions et de sentiments. C'est un monde dans lequel on cultive l'enthousiasme, l'espoir, la joie et parfois même l'illusion; c'est un univers dans lequel on combat constamment le doute et le découragement. C'est une sorte de bulle de rêve qu'on souffle vers l'avenir et de laquelle on exclut tous ceux qui semblent être les esclaves du passé ou les prisonniers du présent.

Le monde de l'inventeur est si pur et si beau qu'il est bien difficile d'y entrer et d'y vivre, ne serait-ce que quelques minutes, sans subir son influence et sans perdre une certaine capacité de jugement objectif. (D'aucuns prétendront que cette perte est compensée par l'acquisition d'une capacité supérieure, celle qui soumet le jugement à la volonté mais nous laisserons ce débat aux philosophes et aux psychologues!)

Il faut donc, pour évaluer «froidement» (le mot peut sembler dur mais il qualifie bien l'attitude que l'on doit rechercher) la nouvelle technologie, se vêtir l'intellect de quelque caparaçon qui lui permette d'exercer librement ses facultés. Il faut, en d'autres mots, disposer d'une méthode. Il faut surtout s'y tenir.

Mais tout comme il est inutile de revêtir une armure si l'on n'est pas décidé à se battre ou à se protéger, il est inutile d'apprendre une méthode de travail si l'on n'adopte pas la bonne attitude intérieure.

Cela semble simple mais cela ne l'est pas. Cela semble simple car on se dit, *a priori*, qu'il suffit de prendre tout le discours de l'inventeur avec un grain de sel. Cela ne l'est pas car il ne faut pas sous-estimer notre propre besoin de croire et, surtout, de se mettre au diapason de l'enthousiasme. L'enthousiasme est contagieux. On l'a souvent dit; il convient de le répéter. Il convient surtout de le croire. Lorsque l'on rencontre l'inventeur, le devoir de politesse nous amène à imiter l'enthousiasme; on glisse insensiblement d'imiter à mimer et puis on passe, plus insensiblement encore de mimer à croire. «Le cœur a ses raisons», disait Pascal.

Le premier écueil qui nous guette est donc celui de l'optimisme et de la foi.

Si le besoin individuel de croire n'était pas renforcé par tout un ensemble de comportements sociaux ou «socialement acceptables», il serait facile de l'éviter. Cela n'est pas le cas. Dans une société qui relègue le pyrrhonisme aux dictionnaires, qui traite le sceptique de pessimiste et le pessimiste de dépressif, les «autodidactes de l'incrédulité» n'ont pas la cote (l'expression est de Jean Rostand dans l'ouvrage: *Science fausse et fausses sciences*). Ajoutons à cela que tous les mythes et toutes les images d'Épinal qui sont associés au processus d'invention font de l'inventeur une sorte de saint que personne ne veut transformer en martyr. La société aime à croire que l'inventeur est peut-être seul, seul contre tous, mais que c'est lui qui a raison et qu'un jour, il trouvera *enfin* la personne ardente, compréhensive, intelligente, lumineuse et tournée vers le futur qui l'aidera et permettra *enfin* (bis!) à son invention de voir le jour. Qui ne voudrait être cette dernière personne? Qui, pensant à tout cela, refusera de rencontrer un inventeur? Qui refusera de l'écouter? Qui refusera de répondre à son enthousiasme par une lueur d'empathie dans le regard?... Attention! L'écueil est proche! L'écueil est là!

S'il faut se garder d'un certain optimisme puéril, il faut aussi se garder d'une confiance aveugle. Cela n'est pas facile car la confiance est naturelle, *organique* même. Sans elle, aucune société digne de ce nom ne saurait exister. Chaque jour et de façon quasi instinctive, nous accordons notre confiance à des professions, des statuts, des réputations, des uniformes même! Pourquoi donc n'accorderions-nous pas notre confiance à l'inventeur d'une nouvelle technologie? N'est-il pas bardé de diplômes, nimbé d'entrepreneuriat et de leadership, auréolé des mystères et des mérites de l'invention? Ne fait-il pas partie de cette élite sociale qui regroupe les innovateurs, les développeurs, les précurseurs?

En lui-même ce mouvement n'a rien de néfaste. Il peut par contre se corrompre en devenant la composante principale d'une manipulation affective qui s'articule autour du paradoxe suivant: puisque la confiance n'a pas lieu d'être là où trône l'évidence, c'est lorsque l'évidence semble la moins claire que la confiance doit régner avec la plus grande vigueur. En d'autres mots: c'est lorsque l'inventeur est conscient des faiblesses de son invention qu'il sera le plus porté à solliciter la confiance des évaluateurs et, inversement, c'est lorsqu'ils seront les moins chargés de faits et d'évidences que les évaluateurs seront les plus enclins à accorder leur confiance.

Thémis, déesse de la justice, est représentée avec un bandeau sur les yeux. La justice, *aveuglée*, ne peut ni ne doit avoir pour compagne une confiance *aveugle*!

Tout proche du premier, moins visible que lui, le deuxième écueil est celui du rêve ou, pour reprendre l'expression de Bachelard, celui de la «rêverie matérialiste». Essayons de traduire cela très simplement. Il est des choses que nous aimerions qui soient vraies, non seulement parce qu'elles sont souhaitables ou socialement souhaitées (par exemple, la paix universelle ou la guérison du cancer) mais parce qu'elles plaisent à notre psychisme. Soulignons que les scientifiques ne sont pas à l'abri de cette «contrainte» et qu'elle est si profonde, si généralisée, si protéiforme qu'elle les a souvent conduits à d'étranges errances et à de fameuses erreurs. Soulignons aussi que c'est cette contrainte qui explique la facilité avec laquelle certaines rumeurs se propagent, le succès que rencontrent certains canulars et, plus grave, la réussite que connaissent certaines escroqueries. Ce dernier point doit toujours demeurer présent à l'esprit de quiconque évalue un produit ou une technologie. Présent et caché. On se comprend!

Alors que le premier écueil est relativement facile à éviter, ce n'est pas le cas du second. Il existe toutefois une méthode très simple qui permet de s'assurer de sa présence. Cette méthode consiste à se poser les questions suivantes:

- Est-ce que, depuis que le monde est monde, de nombreux inventeurs ont prétendu avoir mis au point une telle technologie et est-ce que leurs prétentions se sont avérées fausses?
- Est-ce que l'inventeur revendique la résolution d'un problème sur lequel des générations de chercheurs se sont cassé les dents?

Si la réponse à l'une ou l'autre de ces deux questions est «oui!» méfions-nous et sondons plus avant.

L'exemple que donnent volontiers les scientifiques est celui des machines à mouvement perpétuel. La science a prouvé que de telles machines sont impossibles. Il existe pourtant des inventeurs qui travaillent encore à résoudre ce «problème». Nous en avons rencontré un! Mentionnons aussi que la croyance en une possibilité de mouvement perpétuel est encore bien présente, même chez des inventeurs «patentés». Nous en voulons pour preuve quelques phrases insérées dans ce brevet accordé à une nouvelle toupie mue par un système mécanique (US 3,391,673 (19 sept. 1972), «*toy tops*»). Après avoir décrit de multiples variations du design de sa toupie, l'inventeur précise que: «L'enfant aimera sa toupie d'autant plus qu'elle tournera longtemps. Sous ce rapport, il existe une possibilité intéressante, celle d'avoir le système d'entraînement de la machine à mouvement perpétuel de Wilars». Et, même si, pour rassurer l'examinateur, l'auteur prend soin de préciser: «Cet élément n'est pas une vraie machine à mouvement perpétuel» que pense-t-il vraiment de cette possibilité? Et surtout, quel rêve n'éveille-t-il pas dans l'esprit de l'utilisateur futur ou, plus pernicieusement, dans l'esprit du financier qui financera le développement et la mise en marché de son invention?[1]

Le troisième écucil est celui de l'impatience et de la précipitation. D'aucuns sont si occupés; ils ont tant de choses urgentes à faire; ils ont rencontré tant d'inventeurs, soupçonné tant de mensonges, détecté tant de farfelus, connu tant d'échecs, qu'ils n'ont ni beaucoup de temps ni beaucoup d'argent à consacrer à la compréhension, à l'analyse et à l'évaluation de cette nouvelle technologie. Une de plus! Voyons, si elle était si bonne que ça, si innovatrice et si révolutionnaire que le prétend l'inventeur, cela se saurait! Il est d'ailleurs bien peu articulé et bien peu cohérent cet inventeur! À un moment donné, il affirme que son invention est *révolutionnaire* et à un autre moment, il glisse qu'elle est simplement *meilleure* que tout ce qui se fait de *comparable*! À un moment donné, il prétend que tous les problèmes sont résolus et à un autre moment, il précise qu'il a besoin de financement pour résoudre les problèmes restants. À un moment donné, il proclame que le monde entier est intéressé par son invention, que de grands groupes industriels rêvent déjà de l'acquérir et à un autre moment, le voici prêt à toutes les compromissions pour *décrocher* un partenaire financier.

Et si ce n'est pas l'inventeur qui parle mais son «promoteur» le discours technique et scientifique peut devenir si décousu et si incohérent que l'on est parfois conduit à se demander (avec raison!) si cette invention repose sur quelque chose de solide, de tangible et de réel. Ajoutons que le discours commercial et financier de ce promoteur peut être, quant à lui, si dynamique, si bien articulé, si bien orné de tous les artifices de la rhétorique qu'il paraîtra «manipulateur» et quasi mensonger. Rejetant la forme, on est alors tenté de rejeter le fond et «le bébé avec l'eau du bain». Soyons donc conscients de la présence de cet écueil et, si sa présence nous dérange, n'hésitons pas à appeler quelqu'un d'autre à la barre.

En bref: toujours être à l'écoute de soi, connaître ses propres rêves, ses espoirs et ses craintes avant de chercher à partager ceux de l'inventeur; essayer le plus possible d'atteindre à l'objectivité sans jamais oublier que si «toute vérité entre par les yeux, toute sottise entre par les oreilles[2]» (Alain, *Propos*). Vouloir être lucide tout en restant conscient que «la lucidité est une grâce que la volonté ne suffit pas à produire» (L. Lavelle, *Morale et religion*).

Il existe une culture du développement scientifique et technologique. Il existe une culture de l'invention et de l'innovation. Pour évaluer correctement et rapidement une nouveauté dans l'un ou l'autre de ces domaines (sciences ou technologies), il faut être *sensible* à l'existence de cette culture. Il faudrait aussi, dans le meilleur des cas, en connaître les rouages et les ficelles!

Les ouvrages de Pierre Thuillier[3] sont ici d'une grande utilité. Citons d'ailleurs la dernière phrase de l'avant-propos à *L'aventure industrielle et ses mythes*: «Je serais heureux si ce bref essai pouvait confirmer, même aux yeux des «réalistes» les plus exigeants, que le développement industriel, technique et scientifique mérite lui aussi d'être étudié comme un phénomène culturel de plein droit.»

---

1. Notre traduction est libre. Voici le texte original: «*The child will love his top increasingly in proportion as it moves to an increasing extent. In this connection, there is an especially interesting possibility, namely the drive of a perpetual motion machine according to Wilars, having pivot arms. This element chain is, it is true, not a perpetual motion machine, although "inventors" produce it again and again* [...]» (*op. cit.* p. 2). Précisons que le Wilars dont il est ici question est Villard de Honnecourt, encore appelé Wilars de Honecort ou Vilars Dehoncort, un maître d'œuvre qui vivait au 13e siècle dans le nord de ce qui est maintenant la France.

2. Cette phrase d'Alain prend toute son importance lorsqu'on se rappelle que, dans le cas d'une nouvelle technologie, on n'aura pas toujours l'occasion de «voir» la technologie à l'œuvre avant de prendre une décision de premier financement. Les chapitres qui suivent viseront à identifier les choses tangibles que l'on peut réellement «voir», qui sont directement liées à la technologie et qui peuvent servir à estimer ses chances de succès. Ne pouvant voir l'édifice construit, on va s'attacher à bien en évaluer les fondations. Curiosité littéraire: «Toute la philosophie [...] n'est fondée que sur deux choses, sur ce qu'on a l'esprit curieux et les yeux mauvais.» (Bernard Fontenelle, *Entretiens sur la pluralité des mondes*, 1686)

3. Mentionnons, en particulier:
   - *L'aventure industrielle et ses mythes. Savoirs, techniques et mentalités,* Éditions complexe, 1982, ISBN 2-87027-097-6.
   - *Le petit savant illustré,* Éditions du Seuil, 1980, ISBN 2-02-005699-2.
   - *La revanche des sorcières. L'irrationnel et la pensée scientifique,* Belin, 1997, ISBN 2-7011-2110-8.

Première étape

La première rencontre

Le processus d'évaluation technologique commence par une rencontre entre ceux qui évaluent et ceux qui sont évalués.

Dans le cas le plus simple[1], l'équipe de ceux qui évaluent est composée d'une seule personne : celle qui a reçu la demande de financement ou l'expert qu'elle a mandaté. Dans le cas le plus complexe, elle sera composée d'un certain nombre d'experts représentant plusieurs disciplines des sciences ou des technologies.

Quant à l'équipe soumise à l'évaluation elle est aussi, dans le cas le plus simple, constituée d'une seule personne : l'inventeur. Par contre, lorsque le développement de la nouvelle technologie est avancé, elle réunit souvent plusieurs personnes dotées de formations et d'expériences diversifiées. Cela peut aller du laborantin au professeur émérite[2]. Ces personnes sont, en règle générale, des employés de l'entreprise qui a été créée pour mettre au point, parfaire, optimiser, commercialiser et parfois même exploiter la nouvelle technologie.

Dans tous les cas, la première rencontre n'est pas facile à gérer car tout ce petit monde est tendu, stressé. La conscience qu'ont les évaluateurs de leur devoir transparaît parfois moins que celle qu'ils ont de leur pouvoir. L'arrogance les guette ! Les évalués, quant à eux, oscillent entre l'humilité de ceux qui savent que leur invention est perfectible, et la fierté de ceux qui mesurent le chemin accompli depuis la naissance de la première idée. Si l'arrogance montre le bout du nez, l'orgueil blessé lui fermera la porte et le processus sera bien difficile à remettre sur les rails.

Il faut donc que, dès la première rencontre, tous travaillent pour instaurer un climat de confiance.

Et puisque le pouvoir est du côté des évaluateurs, c'est à eux qu'il incombe de faire les premiers pas. Premiers pas qui sont d'ailleurs très simples puisqu'il ne s'agit que d'*écouter* et d'*accepter*. Écouter quoi? Accepter quoi? Des *discours*[3]. Quatre discours portant sur:

- L'histoire personnelle de l'inventeur;
- L'historique de l'invention;
- Le rêve qui porte et que porte l'invention[4];
- L'aide requise pour réaliser ce rêve.

Oui! Il ne s'agit, à ce stade du processus, que d'*écouter* et d'*accepter* des *discours* (que d'aucuns qualifient de «belles histoires»). Il sera toujours temps d'en venir aux *faits*! Pour l'heure, il ne s'agit, pour les évaluateurs, que de développer leur intérêt envers l'invention, l'inventeur et l'équipe. Il ne s'agit que d'apprendre à respecter et, dans le meilleur des cas, à aimer. Écouter donc, accepter, mémoriser aussi, cela va de soi, et surtout, suspendre son jugement, fermer son esprit à toute pensée critique. Inutile de dire que l'attitude extérieure doit refléter tout cela. Plus facile à dire qu'à faire.

Donnons maintenant, sur chaque sujet et sans ordre particulier, une série de questions qui peuvent être utilisées pour stimuler et guider le discours.

L'histoire personnelle de l'inventeur

Qui est-il? D'où vient-il? Qu'est-ce qui, dans son histoire personnelle, l'a amené à s'intéresser à ce domaine technologique? Quelle formation a-t-il reçue?[5] Quelles sont les compétences que *lui seul* possède, qui le rendent *unique*, inestimable, digne d'intérêt et d'attention? Quelles expériences de vie et de travail a-t-il traversées? Quelles sont ses sources de revenus? Quel soutien moral reçoit-il de sa famille, de ses collègues, de ses employés? Que veut-il devenir? Que va-t-il faire lorsque la nouvelle technologie sera développée? Quelle sera sa place dans la structure qui sera mise en place grâce à l'injection de nouveaux capitaux? Quelle fut sa part et quelle sera sa part?

L'historique de l'invention

Quel problème était su ou perçu? Pourquoi n'avait-il pas été résolu *avant*? Quelles solutions furent envisagées, *caressées*? Laquelle fut retenue? Comment est née la première idée de la nouvelle technologie? Où, quand et surtout: pourquoi? Quelles modifications, quelles améliorations, quels avatars a-t-elle connus, traversés? A-t-elle été appuyée, soutenue? A-t-elle suscité la curiosité, l'enthousiasme? A-t-elle éveillé le doute, l'incrédulité? Quel a été le chemin parcouru? A-t-il été semé d'embûches? À quel point de développement est rendue la nouvelle technologie? Quel chemin reste-t-il à parcourir?

Le rêve qui porte et que porte l'invention

Quel était le rêve initial? Comment sera le monde, l'industrie, la société lorsque la nouvelle technologie y aura trouvé sa place? Qu'auront-ils *de meilleur*, ce monde, cette industrie, cette société?

L'aide requise pour réaliser le rêve

Inutile, à ce stade, de parler du détail de l'aide financière, même si elle constitue l'objectif ultime de tout le processus d'évaluation. Mieux vaut, lors d'une première rencontre, parler de l'aide technique, scientifique qui sera requise pour les développements ultérieurs de la technologie. Quelles ressources seront embauchées? Dans quelles disciplines? Pourquoi? Combien d'emplois seront créés? Quelles retombées seront provoquées?

Examinons maintenant, avant de clore ce chapitre, deux situations qui exigent une gestion toute particulière.

La première situation est celle où l'inventeur n'est pas présent lors de la rencontre initiale. Comprenons-nous bien. La rencontre dont nous parlons ici est celle qui lance le processus d'évaluation technologique. Il est tout à fait normal que des rencontres préliminaires aient eu lieu entre, par exemple, le président de la petite entreprise qui emploie l'inventeur et un représentant d'un organisme de financement. Souvent, la présence de l'inventeur était inutile lors de telles rencontres mais ici, il en va tout autrement. Si l'inventeur n'est pas présent, il y a lieu de s'enquérir des raisons motivant cette absence et de vérifier si elle ne constitue pas le symptôme de quelque divergence profonde, de quelque conflit larvé.

La seconde situation est celle où l'inventeur n'est pas présent parce qu'il ne fait plus partie de l'équipe. Dans un tel cas, un «directeur technique» voire un «vice président recherche et développement» se présentera ou présentera quelqu'un de son équipe comme étant le (ô combien digne!) successeur de l'inventeur, celui qui a repris le flambeau, qui a hérité de la motivation et des connaissances du premier inventeur. Ici aussi, il est conseillé de s'enquérir des raisons pour lesquelles l'inventeur a choisi de quitter l'équipe ou de consacrer son énergie à d'autres inventions. Il faudra, de plus, réévaluer le potentiel d'innovation de l'équipe car, dans bien des entreprises, la plupart des brevets sont pris par un petit noyau de chercheurs. Le départ d'un seul d'entre eux grève parfois lourdement la capacité créatrice de l'entreprise.

Ne pas oublier que dans ces deux situations, on avance sur un terrain miné. Prudence donc et tact. Des rencontres individuelles permettront en temps et lieu de tirer certaines choses au clair.

---

1. Une perception intuitive d'une échelle de complexité est, à ce stade, suffisante. Un modèle semi-quantitatif pourrait être développé selon deux axes: un axe de complexité technologique (portant le nombre de paramètres indépendants nécessaires au contrôle de la nouvelle technologie) et un axe de complexité de financement (complexité souvent proportionnelle au montant d'argent impliqué et au nombre de sources de financement sollicitées). Lorsque la technologie est complexe et que son développement nécessite un financement très important (plusieurs dizaines de millions de dollars par exemple), l'évaluation devrait être menée par une équipe d'experts.
2. Ce cas est très fréquent lors du spin-off d'une invention ayant vu le jour dans une université.
3. En ce qui concerne les abus et les *déviances* que peuvent présenter des discours utilisant un langage scientifique, on ne saurait trop recommander la lecture de quelques chapitres de l'ouvrage suivant: Alan Sokal et Jean Bricmont, *Impostures intellectuelles*, Éditions Odile Jacob, 1997, ISBN 2-7381-0503-3.
4. Le discours sur le rêve constitue la clé de voûte de cette première rencontre. Il servira à évaluer si la dynamique organisationnelle et la culture de l'entreprise sont du style «utopiste». Pour mieux juger de ceci nous référons le lecteur au chapitre 2: «Fantasmes collectifs et phénomènes de groupe» de l'ouvrage de Manfred F.R. Kets de Vries et Danny Miller, *L'entreprise névrosée*, McGraw-Hill, 1985, ISBN 2-7042-1114-0.

Sur «le syndrome d'Utopie» voir aussi le chapitre 5 de P. Watzlawick, J. Weakland et R. Fisch, *Changements – Paradoxes et psychothérapie*, Éditions du Seuil, 1975.

5. Les questions concernant la formation et les compétences de l'inventeur sont essentielles. Les technologies ont atteint un tel stade de développement et de complexité qu'il est presque impossible d'inventer et d'innover si l'on ne dispose pas d'une solide formation scientifique ou technique ou encore, d'une vaste expérience dans un secteur industriel donné. Les questions sur la formation ne doivent pas se borner à l'examen des titres universitaires (qu'il conviendra, par ailleurs, de vérifier) mais doivent aborder la question des compétences réelles, actives et activées par le travail quotidien.

Deuxième étape

La vérification des bases scientifiques

La science décrit le réel, définit le possible. «Savoir pour prévoir, afin de pouvoir» écrivait Auguste Comte. La science est donc la première aune à laquelle devra se mesurer toute nouvelle technologie[1].

Cette première étape de l'évaluation se concentrera sur deux thèmes:

- L'examen des lois scientifiques;
- L'identification des effets scientifiques.

Nous compléterons ce chapitre par un rapide survol de quelques dérives de la démarche scientifique.

L'examen des lois scientifiques

La première chose à faire, lorsque l'on évalue une nouvelle technologie, c'est de s'assurer que les principes scientifiques évoqués ou invoqués par l'inventeur sont solides et acceptés par la communauté scientifique. Cela peut sembler très simple, mais cela ne l'est pas toujours.

Cela semble simple car les principes et les lois scientifiques sont en nombre relativement limité. (La plus célèbre de ces lois étant probablement celle de la conservation de la masse, exprimée par la phrase de Lavoisier[2]: «Rien ne se perd, rien ne se crée.») Cela ne l'est pas toujours car il peut exister, autour d'une invention, un discours pseudo-scientifique si abstrus et si abscons que, dans le doute, on préférera accorder son assentiment. On se dira alors que, si *nous*, on ne comprend pas, d'autres *doivent* comprendre car nul ne veut porter l'odieux de tuer dans l'œuf une innovation.

Prenons un exemple. Si un inventeur vient nous voir en nous disant qu'il a inventé un appareil portatif et à bon marché permettant d'améliorer, chez les gens qui le portent, la circulation sanguine et d'atténuer les douleurs causées par les névralgies ou l'arthrite, qu'allons-nous en penser? Probablement que cet appareil est, *a priori*, très intéressant, surtout dans un contexte de vieillissement de la population. Imaginons que nous demandions maintenant sur quel principe scientifique est fondé cet appareil et que l'inventeur nous réponde qu'il est fondé sur l'influence bien connue des champs magnétiques sur l'hémoglobine du sang (influence qu'il qualifiera d'*évidente* puisque l'hémoglobine contient du fer et que le fer est magnétique). Imaginons que l'inventeur précise son discours en nous parlant de l'influence lénifiante des rayons émis dans l'infrarouge lointain par le Macbanseok (sic).

Situation impossible? Pas du tout puisque cette *belle* invention s'est vue accorder un brevet (US 6,461,377 publié le 8 octobre 2002 sous le titre: *Portable therapeutic device*).

Est-ce qu'un tel appareil viole une loi scientifique? Voyons voir. L'inventeur nous dit que le Macbanseok est le nom coréen d'une pierre (*rock*) et que cette pierre émet (*radiates*) «différents éléments» (*different elements*) et des rayons infrarouges lointains (*far infrared rays*). Passons rapidement sur les «différents éléments» pour focaliser l'attention sur ces rayons infrarouges. Comment le Macbanseok émet-il ces infrarouges? Mais en étant au préalable réchauffé par des lampes (*radiation bulbs*) pardi! Notre inventeur est bien *inventif*! Une analyse superficielle du document ne révèle donc aucune distorsion flagrante d'une loi scientifique.

Si, comme nous le supposons, nous voulons fonder notre jugement sur une éthique irréprochable; si nous voulons nous assurer que cet appareil produira bien les *effets* visés; si nous ne voulons pas acheter la paix avec notre conscience en adoptant un point de vue cynique (prétendant qu'«il y aura toujours des gogos attirés par ce genre de truc!») ou vaguement hypocrite (proclamant que «quand bien même cet appareil ne fonctionnerait qu'en activant un *effet placebo*, ce n'est pas rien, quand même!»), que devons-nous faire?

Deux choses[3]. La première sera justement de faire porter l'analyse, non sur les lois scientifiques mais sur les effets. C'est le sujet que nous aborderons dans la section suivante.

La seconde sera de consulter un expert du domaine visé par l'invention. Précisons que nous supposons, pour cela, que nous avons *tous* été assez *éveillés* pour soupçonner quelque problème de fond. Si tel n'est pas le cas, s'il en est parmi nous qui se qualifient volontiers, en ces domaines, de *naïfs*, de *crédules*, ou simplement de *«bonnes pâtes»*, s'il s'en trouve qui ne veulent même pas émettre un premier ordre de jugement, alors nous ne saurions que trop leur conseiller de *toujours* faire intervenir un expert et ce, *dès le début* du processus d'évaluation[4].

Mais attention! Les spécialistes sont parfois eux-mêmes bien naïfs et crédules. Connaissance et jugement ne vont pas toujours de pair. Bien des erreurs, bien des errances et quelques peudo-sciences ont été créées et diffusées par des personnes dotées d'une excellente formation académique et occupant parfois même des postes importants au sein de la communauté scientifique. Soyons donc prudents et avisés dans le choix de l'expert que nous consulterons.

Précisons enfin que le jugement final ne devrait comporter aucune nuance. Ou bien l'invention est fondée sur un principe établi, ou bien elle n'est fondée que sur du vent. C'est blanc ou noir! Lorsque nous trouvons le choix difficile, souvenons-nous du conseil de Jean Rostand: «Ne pas respecter toutes les erreurs par crainte d'offenser la vérité inconnue.» (*Inquiétudes d'un biologiste*)

L'identification des effets

Parfois donc, il est beaucoup plus facile de relier une technologie à un effet qu'à une loi.

La première phrase de ce chapitre était: «La science décrit le réel.» Cette description est souvent focalisée sur la nature d'un «effet» qui, règle générale, porte le nom du premier scientifique qui l'a prédit, isolé, ou décrit. On connaît ainsi les effets Joule, Peltier, Coriolis, Seebeck, Dufour, Soret, Oersted, Curie, Thomson, Coanda, Marangoni, Foucault, Hall, Hertz, Zeeman, Josephson, Casimir, Tcherenkov, etc. «J'en passe et des meilleurs», aurait dit Victor Hugo. D'autres effets ont reçu des noms plus descriptifs: «effet de serre», «effet piézoélectrique», «effet de pointe», «effet corona», «effet photoélectrique», «effet de sol», «effet papillon», «effet d'hystérésis», «effet de peau», etc.

Dans le domaine de la chimie, certains effets (de consommation de réactifs ou de création de produits) sont associés à des réactions chimiques et les plus importantes de ces réactions portent des noms propres: réactions de Friedel-Crafts, de Wittig, de Grignard, de Cannizzaro, de Ullmann, de Belousov-Zhabotinsky, etc.

Puisque toute technologie produit, exploite, amplifie ou mesure un effet, l'établissement d'un lien formel entre l'effet attribué ou associé *par l'inventeur* à la nouvelle technologie et un effet reconnu (par la communauté scientifique) permet de lever toute incertitude concernant les bases scientifiques de l'invention.

Souvent, le nom de l'effet est mentionné dans le titre du brevet demandé pour l'invention. En voici quelques exemples (*c'est nous qui soulignons*):

- Apparatus for treating substrates using the *Marangoni effect* (US 6,170,495 (2001))
- *Coanda effect* nozzle (US 6,039,269 (2000))
- Generator employing the *Coriolis effect* (US 6,532,740 (2003))
- *Hall effect* trim sensor for a marine vessel (US 6,322,404 (2001))
- *Peltier effect* heat pump (US 6,067,802 (2000))
- *Piezoelectric effect* device (US 5,250,868 (1993))
- Heating device for utilizing the *skin effect* of alternating current (US 4,617,449 (1986))
- *Ground-surface-effect* wing plane (US 5,065,833 (1991))
- Power generating system using *Casimir effect* (JP 2002010622 (2002))

Mentionnons toutefois, qu'ici comme ailleurs, il convient de faire preuve de discernement, certains «effets» (tout comme certains «principes») n'existant que dans l'imagination de leurs inventeurs. Citons ici «l'effet Pauli», «l'effet radiesthésique» (utilisé, en rhabdomancie, pour déceler les sources d'eau) et les effets de psychokinèse.

Les obstacles épistémologiques

Nous pourrions clore le chapitre ici, mais nous ne le ferons pas! Nous voulons, non pas rappeler que la science est toute-puissante mais souligner combien elle est fragile; nous voulons souligner combien elle est fragile, non pas en son essence mais en la place qu'elle occupe en chacun de nous! Qui, de nos jours, ne croit qu'à la science? Qui croit qu'elle a le dernier mot sur tout? Qui croit qu'elle aura toujours ce dernier mot? Qui croit qu'elle le mérite? Les scientistes sont désormais plus rares que les scientifiques.

Plaçons-nous à nouveau devant une invention dont l'utilité *est* ou *serait* évidente mais qui semble remettre en cause certains principes scientifiques. Qui ne voudra croire à une certaine *validité* de cette invention? Qui osera se lever, qui osera objecter lorsque quelqu'un prétendra que la science ne connaît pas tout et ne saurait avoir réponse à tout, qu'il est des domaines inexplorés où le génie inventif de certains hommes fraye de nouvelles voies? Qui osera prétendre que la gestion du risque doit être dictée par les lois scientifiques? Voyons! À ce compte-là, les lotos feraient faillite.

Le chemin que nous avons parcouru depuis que nous avons affirmé qu'il fallait sonder l'arrimage entre l'invention qui nous est proposée et les fondements des sciences exactes nous a amenés en des terres mal connues où l'esprit humain se perd facilement. Laissons donc là ces considérations, non sans proposer deux exercices. Dans chacun d'eux, nous allons très brièvement présenter une invention. Nous vous demandons d'identifier votre premier mouvement, celui qui constituera l'embryon de votre jugement futur. Allez-vous croire, *a priori*, que cette invention est fondée sur des bases scientifiques solides? Allez-vous croire, au premier regard, que vous auriez besoin du jugement d'un expert?

(Le verbe «croire» que nous venons d'employer est véritablement plus approprié que le verbe «penser». Essayez de saisir votre premier mouvement, votre première impression, votre premier sentiment en ce qu'ils auront d'organique et de désorganisé! La pensée viendra ensuite.)

Première invention: un système informatique qui permet à la fois d'identifier les points du corps d'un patient sur lesquels doit s'appliquer un traitement d'acupuncture et la façon d'appliquer ce traitement (lequel consiste en une série d'impulsions électriques envoyées par des électrodes appliquées aux points identifiés).

Seconde invention: une méthode homéopathique à base de «facteurs de croissance». Le remède mis au point est efficace pour traiter toute une variété de pathologies dont celles associées au SIDA.

Avez-vous formé un premier jugement?

Dans les deux cas, l'invention est reliée à un domaine dont l'acceptation sociale est plutôt bonne: l'acupuncture dans le premier cas et l'homéopathie dans le second. Cette acceptation sociale a-t-elle influé sur votre jugement? Demandez-vous maintenant si elle est un gage de scientificité? (Nous vous laissons la question de savoir si cette acceptation sociale pourrait (nous n'osons écrire «devrait»), à elle seule, orienter votre décision de financement. Vous devinez notre position.)

Ces deux inventions n'ont pas été imaginées. Elles correspondent en fait à deux brevets qui ont été accordés:

- Le brevet US 7,076,293 publié le 11 juillet 2006 et intitulé: «Computer-aided automatic vital acupuncture point alignment and electronic acupuncture method and a system to perform the method».
- Le brevet US 6,485,480 publié le 26 novembre 2002 et ayant pour titre: «Treatment methods using homeopathic preparations of growth factors».

Cette petite incursion dans le domaine des brevets et des inventions brevetables nous amène tout naturellement au chapitre suivant.

Les «obstacles épistémologiques» qui doivent être franchis par les scientifiques et les chercheurs pour faire progresser science et technologie sont aussi sur notre route lorsque l'on cherche à évaluer le potentiel d'une invention. Sans connaître en détail chacun de ces obstacles, il faut être conscient de leur existence, de leur force et surtout, il faut être conscient du fait que ces obstacles sont en nous. Ces obstacles, c'est nous!

Voici deux pensées de Gaston Bachelard, le philosophe qui a identifié les principaux «obstacles épistémologiques». Il est bon de les méditer et d'essayer de comprendre pourquoi et comment elles peuvent (et doivent) influencer l'attitude que nous adopterons lors de l'évaluation d'une nouvelle technologie.

- «Le réel n'est jamais «ce qu'on pourrait croire», mais il est toujours ce qu'on aurait dû penser.» (*La formation de l'esprit scientifique*)
- «La science se forme plutôt sur une rêverie que sur une expérience et il faut bien des expériences pour effacer les brumes du songe.» (*La psychanalyse du feu*)

---

1. Dans certains cas, cette vérification n'est pas nécessaire. Si, par exemple, l'invention porte sur une amélioration de la technologie de broyage des minerais à l'aide de broyeurs à boulets, deux évidences s'imposent. La première est que les broyeurs à boulets (*ball mills*) sont très répandus dans les industries minières et minéralurgiques. La seconde est que tous les minerais possèdent des caractéristiques mécaniques qui les rendent «broyables». En fait, la vérification des bases scientifiques n'est absolument nécessaire que lorsque l'on a affaire à une toute nouvelle technologie.

   Lorsque l'invention porte sur une «amélioration» d'une technologie déjà bien connue, cette étape peut souvent être abrégée. (Nous venons d'écrire «souvent». Il importe de réaliser que ce n'est pas «toujours». «Le diable est dans les détails», disent les Allemands. Les détails sont souvent des «améliorations»!) Un exemple: la technologie du soudage par friction est bien connue et elle est utilisée depuis 1956 environ pour joindre *des métaux*. Elle est fondée sur trois principes scientifiques: la friction génère de la chaleur; les métaux se plastifient sous l'effet de la chaleur; la pression assiste le forgeage à chaud. Récemment, cette technologie a été, avec un succès *inespéré*, appliquée *au bois* (2005). Si cette technologie avait été soumise à l'évaluation avant même que des résultats concrets aient été obtenus, il aurait été tout à fait légitime de demander aux inventeurs les principes mis en cause dans la formation d'un lien entre les deux surfaces de bois. (En fait, ces principes ont été découverts *a posteriori*. L'invention ayant été le fruit du hasard... et d'une *erreur* d'un technicien).
2. La plupart des lois portent le nom du scientifique ou du savant qui les a découvertes. Ne pas s'étonner donc d'entendre un inventeur parler des lois d'Ampère, de Wien, de Darcy, de Henry ou de Poiseuille.

3. En fait, toutes les lois scientifiques s'exprimant par des formules, on peut essayer de vérifier l'application (parfois implicite ou inconsciente) d'une loi en vérifiant la validité de la formule par laquelle est exprimée cette loi. Il faut simplement disposer des données quantitatives pertinentes. Malheureusement, à ce stade du développement de la technologie, de telles données ne sont pas toujours disponibles, et ce, même si un prototype a été construit (puisque l'on cherche d'abord à prouver l'existence de l'effet attendu avant de chercher à quantifier avec précision cet effet).
4. Dans certains cas, la couverture médiatique dont a bénéficié l'invention a entraîné la diffusion, dans Internet, d'opinions très *éclairées* et très *éclairantes*! Le relatif anonymat que procure ce moyen de communication favorisant l'objectivité et les prises de position tranchées. Avant même d'embaucher un expert, il est bon d'effectuer un survol des opinions disponibles dans Internet. (Une démarche dite de «crowdsourcing» pourrait également être appropriée si aucune opinion n'est disponible.)

Troisième étape

L'examen de la propriété intellectuelle

Les brevets accordés

L'évaluation technologique «traditionnelle» est souvent focalisée sur un examen sommaire des brevets accordés à l'inventeur. On se contente, dans la plupart des cas, de vérifier l'existence de ces brevets. On regarde des certificats; on tourne les pages des documents; on collige des titres et des dates; on calcule le nombre d'années qui reste à chaque brevet et le tour est joué.

Dans ce chapitre, nous proposerons de mener une analyse plus fine, plus serrée, et concentrée sur trois thèmes:

- La nature des brevets (c'est-à-dire leur contenu);
- Le nombre de brevets;
- La force des brevets.

La nature des brevets

Abordons cette section en précisant pourquoi nous suggérons d'effectuer une analyse si fouillée. Eh bien, tout simplement parce que, contrairement à ce que pensent la plupart des gens, un brevet n'est ni un gage de faisabilité, ni un gage d'efficacité. Il n'est même pas un gage de cohérence scientifique! Les banques de brevets sont pleines d'inventions qui sont certes fort originales mais qui sont aussi parfois si «bizarres» que l'on peut, avec raison, douter de leur potentiel commercial et parfois même, de leur simple faisabilité[1]. Le cas est particulièrement évident dans le cas de nouveaux produits.

Prenons deux exemples. Regardez, ci-après, le schéma de cette bicyclette utilisant la force du vent. En achèteriez-vous une? Imaginez que, circulant au milieu du trafic, vous «essuyez» subitement un coup de vent de côté. Que se passera-t-il?

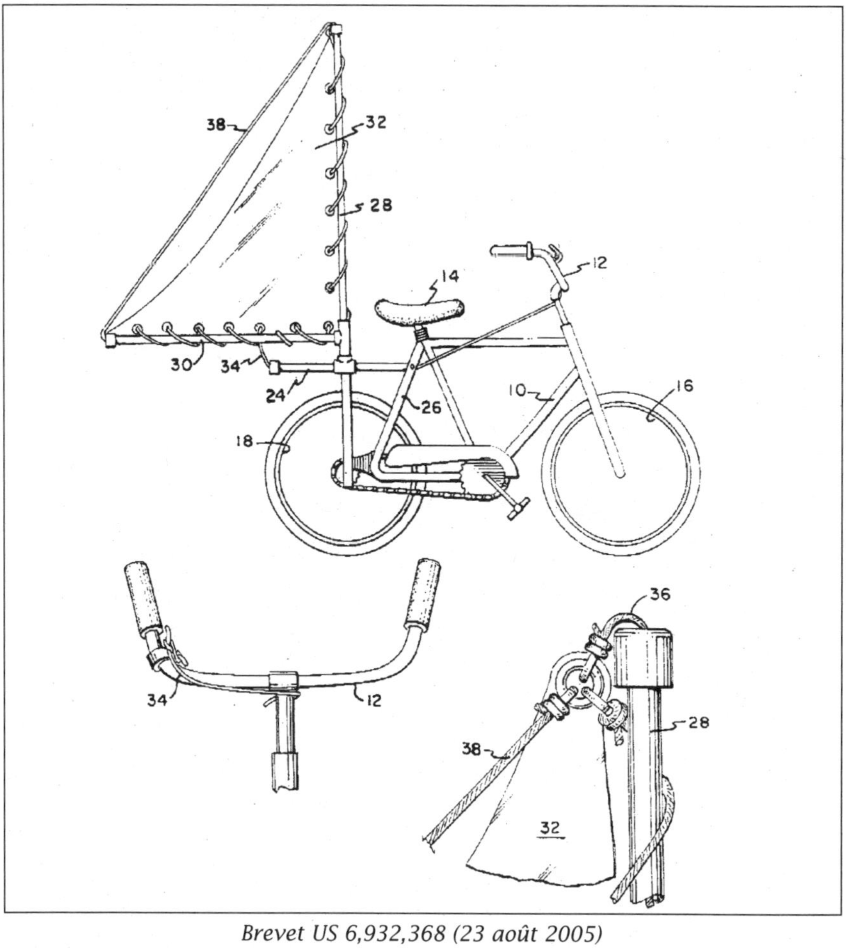

Brevet US 6,932,368 (23 août 2005)

Apparatus for harnessing wind to drive a bicycle – Bicyclette utilisant la force du vent

Second exemple. Examinez le schéma de cet appareil destiné à défléchir le vent de l'oreille (atténuant ainsi le bruit dû à son passage et permettant de mieux percevoir les autres bruits environnants). Porteriez-vous un tel appareil? Qui, quel genre de personne, quel type de profession pourrait en avoir absolument besoin?

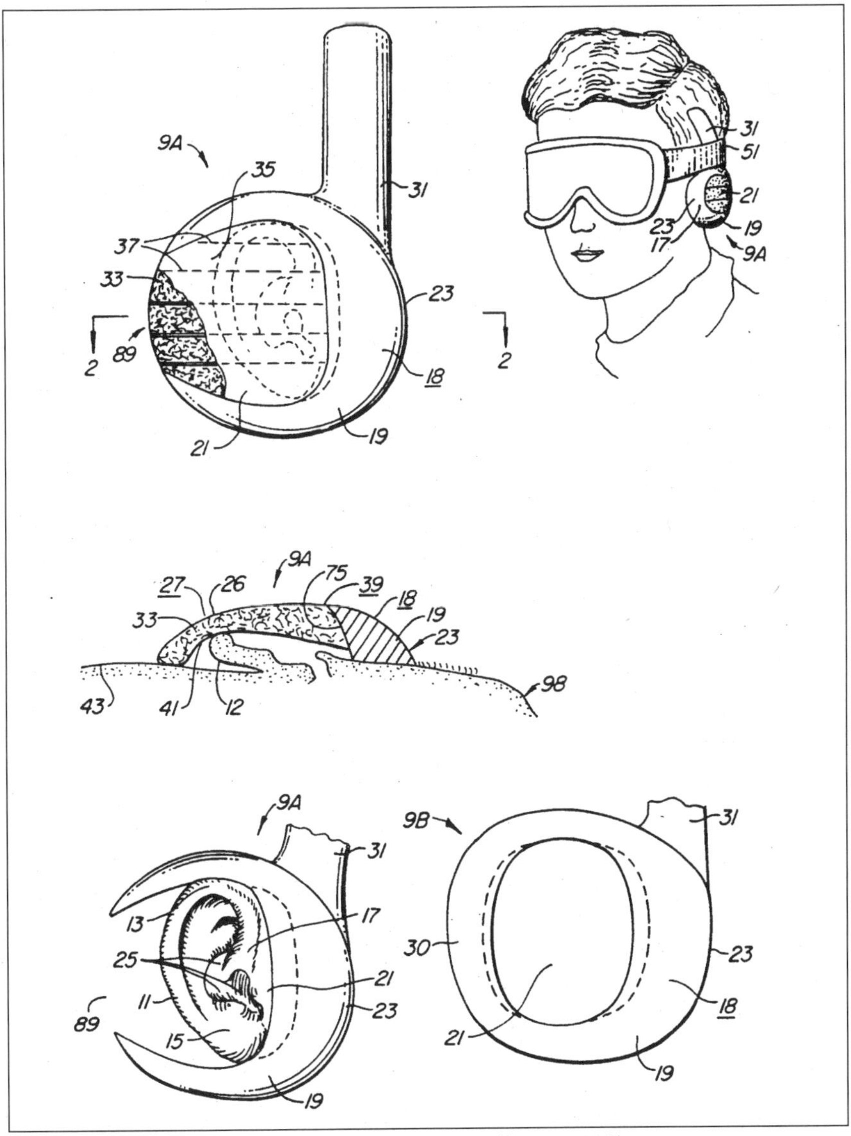

Brevet US 5,086,789 (11 février 1992)

Wind deflector for the ear – Déflecteur de vent pour l'oreille

Méfions-nous toutefois du premier jugement. Il est des produits qui, au premier abord, semblent voués à l'échec et qui pourtant, connaîtront un certain succès commercial. Laissez-nous vous en donner un exemple personnel. Il y a quelques années de cela, nous avons examiné très rapidement un brevet italien portant sur une nouvelle forme ergonomique de stylo (Réf. IT 1247710 (30 décembre 1994) ayant pour titre: «Ergonomic handgrip for pen, felt-tip pen, pencil, etc.»). La forme était vraiment très originale, véritablement *ergonomique* aussi, mais elle nous semblait souffrir d'un défaut majeur. Elle ne pouvait pas convenir à la fois aux droitiers et aux gauchers. Il faudrait donc, pour mettre ce produit sur le marché sans donner une image de discrimination, produire deux types de stylos. Nous en avions conclu que nous ne verrions probablement jamais un tel genre de stylo sur le marché. Quelques années plus tard, passant dans un magasin, nous avons remarqué, bien présenté dans une petite boîte de plastique transparent, un crayon-feutre d'une forme semblable[2]. Son prix étant abordable, nous allions en choisir un lorsque la vendeuse nous conseilla: «regardez bien si c'est la lettre R ou la lettre L qui figure sur le dessus de la boîte». Lorsque nous lui avons demandé pourquoi elle nous demandait de faire cela, elle nous a répondu qu'à cause de la forme «étudiée» du stylo, il y avait un modèle pour gaucher (L: Left) et un modèle pour droitier (R: Right). Morale de l'histoire: méfions-nous de notre premier jugement!

Par souci de simplicité, nous avons considéré des exemples de produits et non pas des exemples de technologies. Les exemples de technologies sont toujours plus complexes et le jugement ne peut plus être fondé sur la seule intuition. Il faut souvent effectuer des analyses et des calculs scientifiques détaillés. Pour en donner un aperçu, considérons un brevet qui se situe à la frontière technologie-produit.

Le document est vieux mais le schéma est tellement explicite qu'il convient parfaitement à notre objectif.

Examinons attentivement le schéma de cette bicyclette exploitant le vent de la course. Une hélice, placée à l'avant du vélo, est reliée à un arbre de transmission qui fait tourner la roue arrière. Croyons-nous qu'un tel système soit efficace? Essayons de tenir compte du fait que l'hélice, son axe, les engrenages, les fixations et l'arbre de transmission possèdent une certaine masse. Prenons aussi en compte les frottements inévitables. À faible vitesse, on peut imaginer que ce poids excédentaire et ces frottements grèveront la performance du vélo. À partir de quelle vitesse le système devient-il donc énergétiquement «rentable»? Quelle proportion du temps un cycliste passera-t-il au-dessus de cette vitesse (surtout s'il roule en ville)? Examinons maintenant la forme de l'hélice. Que penser de sa forme, de son diamètre et du nombre de pales. Ces paramètres ont-ils été optimisés? Considérons maintenant la vitesse à laquelle pourront tourner l'hélice et les engrenages? Ce système pourrait-il présenter un danger? Nous ne trouvons aucune réponse à ces questions dans le brevet (dont le texte est plutôt court: environ une page). L'inventeur y a-t-il songé? Nul ne peut le dire. Devrions-nous, si l'inventeur nous demandait de financer la production de ce vélo, obtenir ces réponses? Nous le croyons.

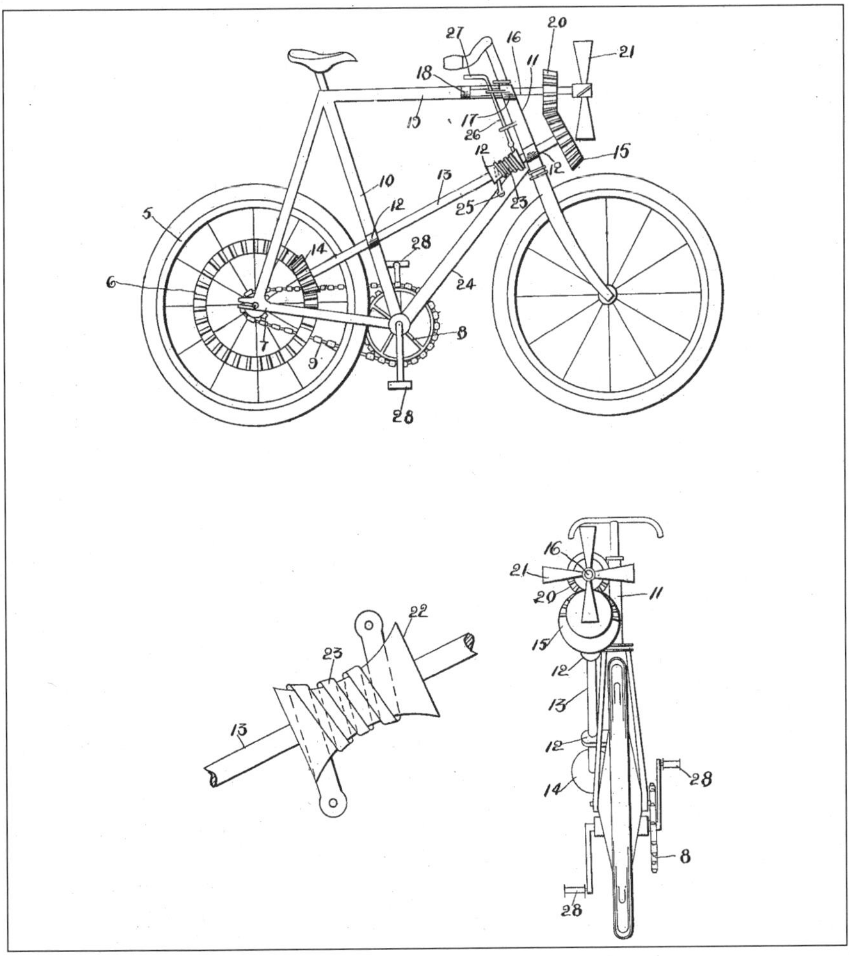

Brevet US 599,048 (15 février 1898)

Bicycle – Bicyclette

Examinons un dernier cas, plus délicat toutefois car d'actualité. Il s'agit des appareils destinés à soumettre l'essence des véhicules à un champ magnétique afin de réduire la consommation de carburant et souvent aussi afin de réduire la proportion de polluants présents dans les gaz d'échappement. De tels appareils se voient accorder des brevets. Citons par exemple, le brevet US 6,890,432 publié le 10 mai 2005 et intitulé: «Magnetic fuel treatment apparatus for attachment to a fuel line». De tels appareils exercent-ils un effet réel, quantifiable et significatif? Les spécialistes de la question pensent que non. Pourtant les brevets, eux, sont bien réels[3]!

Ce problème des économies d'essence et de la réduction des émissions polluantes est d'une telle actualité que nous référons le lecteur qui désire en savoir davantage au bel article de synthèse écrit par Frédéric Perron: «Que valent les économiseurs d'essence?», article disponible au site de CAA Québec (http://www.caaquebec.com)

Nous invitons également le lecteur à consulter les documents du Bureau de la concurrence Canada, en particulier ceux qui font état du «consentement qui interdit à l'entreprise [...] et à ses dirigeants de donner au public des indications fausses et/ou trompeuses relativement à l'appareil [...], un produit présenté comme pouvant réduire la consommation de carburant et l'émission des gaz polluants». (Nouvelle du 28 septembre 2006, disponible au site http://www.competitionbureau.gc.ca)

Résumons. Les banques de brevets sont pleines d'inventions qui ne méritent pas d'être réalisées et d'inventions qui ne peuvent tout simplement pas être réalisées. Ne considérons donc jamais qu'un brevet possède un certain potentiel de commercialisation ou, plus fondamentalement, de faisabilité technique sans l'avoir examiné attentivement[4].

Considérant tout ce que nous venons de dire concernant les brevets, d'aucuns pourraient se demander s'il ne serait tout simplement pas plus facile de les écarter du processus d'évaluation. La réponse mérite d'être nuancée. Si la demande de financement couvre, par exemple, le passage de l'idée à la construction d'un premier prototype, l'analyse du brevet est recommandée parce que:

- Le brevet est un document public qui peut être analysé avec soin avant la première rencontre (l'analyse servant d'ailleurs à déterminer s'il y a lieu de tenir cette rencontre).
- Le brevet est un document qui, par essence, offre une description exhaustive, complète et précise de l'invention. Des données d'opération d'un premier prototype de laboratoire étant mêmes parfois incluses. Le brevet est donc très souvent le document le plus complet produit par un inventeur davantage porté sur le travail pratique que sur la rédaction de documents. (Ajoutons que, sans l'aide précieuse que lui a apportée son agent de brevet, ce document n'aurait, dans bien des cas, jamais vu le jour.)

Si la demande de financement couvre la réalisation d'un prototype de taille «industrielle» (après qu'un premier et «petit» prototype ait été opéré pendant plusieurs mois, voire plusieurs années), l'analyse du brevet sera moins importante que l'analyse des données fournies par le premier prototype. Elle devra toutefois être effectuée, ne serait-ce que pour vérifier que la technologie qui a été développée est fidèle au(x) brevet(s) (et qu'elle est, par conséquent, protégée). Il sera tout particulièrement important d'identifier les améliorations qui, ayant été apportées, ont fait dériver l'invention en dehors du brevet initial[5] et de suggérer des moyens de protéger la nouvelle propriété intellectuelle.

Le nombre de brevets

Après avoir examiné les problèmes que pose la nature des brevets accordés à l'inventeur, tournons-nous maintenant vers les problèmes que soulève leur nombre.

La plupart des inventeurs comptent chaque brevet qui leur est accordé et diront par exemple qu'ils possèdent trois brevets s'ils ont un brevet canadien, un brevet français et un brevet américain (États-Unis), même si ces brevets portent sur la même invention et sont quasi identiques. Ils nous amènent ainsi à confondre la portée géographique de l'invention avec sa force et sa profondeur technologiques. Or, cette profondeur technologique est essentielle et doit être évaluée séparément.

Deux exemples de profondeur technologique. En Grande-Bretagne, la Parsons Chain Company Ltd possède un brevet portant sur la forme d'un maillon de chaîne (US 6,895,739) et un brevet portant sur un nouvel acier qui peut être utilisé pour fabriquer des chaînes (US 6,146,583). Au Japon, le groupe Ube a non seulement breveté un procédé et une méthode de moulage des métaux en phase semi-solide (alors que, dans les procédés traditionnels de moulage, le métal est complètement liquide lorsqu'on le coule ou lorsqu'on l'injecte dans le moule) (US 7,121,320) mais il a, entre autres, demandé des brevets pour un nouvel alliage d'aluminium qui peut être moulé par ce procédé (JP 2003-253368) ainsi que pour une méthode de mesure de la température de cette phase semi-solide (JP 2004-105986).

D'aucuns suggèrent d'évaluer la *qualité* des brevets en comptant le nombre de fois que ces brevets sont cités (dans d'autres brevets surtout). Cette méthode, au demeurant excellente, souffre toutefois d'un grand défaut: elle est peu applicable lorsque l'entreprise est au stade du démarrage. Les brevets sont récents; souvent même ils n'ont pas encore été ni accordés ni publiés (comme «demandes»).

En résumé: compter le nombre de brevets qui ont été accordés à l'invention de base et à des inventions connexes dans le pays qui apparaît le plus important pour la commercialisation de l'invention de base.

La force des brevets

Affinons maintenant l'analyse. Imaginons que nous ayons conclu que la technologie brevetée est solide et qu'elle permettra d'atteindre les objectifs qu'elle s'est fixés. Il nous faut maintenant essayer d'estimer la force réelle du brevet. Il nous faut surtout essayer d'estimer la force de la *différenciation* qu'il introduit. Expliquons cela.

Il existe, à chaque époque, des domaines privilégiés par l'invention et l'innovation. Des centaines de chercheurs focalisent alors leurs efforts sur des secteurs bien précis de la technologie. Des milliers d'idées circulent, des centaines de demandes de brevets sont soumises, des dizaines, voire des centaines de brevets sont accordés qui apparaissent dans les banques de données. Dans un tel contexte, un nouveau brevet est toujours, sinon *comparé* aux anciens, du moins examiné à la lueur qu'ils procurent, et il est bien rare qu'il soit accordé tel que soumis, sans modifications. Parfois même, le rapport effectué par l'examinateur (qui représente l'autorité du pays auquel un brevet est demandé) est si «négatif», si plein de «contestations» et cite tant et tant de brevets qui se rapportent au domaine de l'invention et qui la balisent que l'inventeur *devrait* se demander s'il vaut encore la peine d'essayer d'obtenir un brevet...

Nous avons écrit «devrait» car la plupart du temps, la pression (sociale, corporative, financière, personnelle, etc.) est tellement forte pour obtenir ce brevet que l'inventeur va se soumettre à toutes les compromissions pour obtenir «un» brevet (qui sera alors bien différent du brevet initial dont il avait rêvé). Dans bien des cas, ce brevet final sera si «dilué», si «édulcoré» qu'il n'aura pratiquement plus de force ni de profondeur technologiques. Il ne sera plus qu'une coquille vide. Une forme qui peut tromper l'œil mais qui ne doit pas tromper le jugement. Et pour porter ce jugement, il suffira souvent de demander à l'inventeur de présenter le dossier complet du brevet. Ce dossier contiendra tous les échanges entre l'agent de brevet (représentant l'inventeur) et l'inventeur ainsi que ceux entre l'agent de brevet et l'examinateur. Il contiendra également les différentes versions du brevet: depuis la version originale qui avait été soumise à l'examen jusqu'à la version finale (que nous supposons acceptée par l'examinateur). Si le dossier est épais, s'il contient des lettres de plusieurs pages, si les revendications mentionnées dans le brevet accordé sont très différentes de celles qui avaient été proposées dans la première version, si une décision qualifiée de «REJECTION» (aux États-Unis) a été émise au cours du processus, il y a fort à parier que le brevet n'est pas très solide technologiquement.

Considérons l'exemple suivant, qui implique une entreprise japonaise très innovante, pour laquelle nous avons le plus profond respect: la Mitsubishi Heavy Industries, Ltd. Le 8 mars 2005 était publié son brevet US 6,863,875 portant sur le traitement des effluents gazeux industriels et ayant pour titre: «Flue gas treating system and process». Ce brevet se situe dans le domaine général de la dépollution des gaz. Ce secteur de la technologie est soumis à une forte pression sociale d'innovation. C'est un domaine en pleine expansion dont on attend énormément de retombées économiques (tout particulièrement dans le captage et la séquestration des gaz associés à l'effet de serre et aux changements climatiques). Dans un tel contexte, on peut supposer que beaucoup d'inventions «se frottent» aux inventions passées. Voyons si cela fut le cas pour l'invention dont témoigne ce brevet.

Si l'on consulte l'ensemble des communications avec le USPTO (United States Patent and Trademark Office), on constate que le dossier de ce brevet (*transaction history*) n'a pas cheminé sans embûches. Le dossier avait été commencé au mois de septembre 2000. Au mois de mars 2003, un avis de rejet (*non-final rejection*) fut prononcé. Cet avis fut confirmé en juillet 2003 (*non-final rejection*), puis en mars 2004 (*final rejection*). Le brevet fut malgré tout obtenu mais, quiconque voudrait évaluer sa force technologique réelle devrait pousser plus loin son enquête...

Une nuance importante

D'aucuns pourront prétendre que même si le processus d'examen du document d'invention est parsemé d'avis de rejet (*rejection*) et que même si ces avis ont provoqué une révision en profondeur du document avec tout ce que cela implique de modifications, de précisions, d'abandons aussi, de révisions, de coupures, d'additions et de limitations, cela ne saurait entacher de quelque manière que ce soit la force du brevet final puisque ce sont précisément ces avis qui ont permis de mieux cerner le domaine brevetable et d'obtenir un brevet. Ils ajouteront qu'il est d'ailleurs toujours préférable de détenir un brevet, quel qu'il soit, que de n'en pas avoir et que la force d'un tel document repose d'abord et avant tout sur son existence. Soit! Ces arguments possèdent une certaine valeur. Nous en fournirons ci-dessous une preuve. Sachons toutefois distinguer la force légale de la force technologique.

Un excellent exemple est celui du brevet US 5,838,906 accordé aux Regents of the University of California et publié le 17 novembre 1998 (brevet intitulé: «Distributed hypermedia method for automatically invoking external application providing interaction and display of embedded objects within a hypermedia document»). Le dossier de ce brevet a cheminé pendant quatre ans environ et est passé par cinq avis de rejet. Malgré une histoire complexe, ce brevet a permis à l'entreprise qui l'exploitait, la société Eolas, de gagner une cause désormais célèbre contre Microsoft (empochant ainsi 521 millions de dollars en dommages et intérêts!).

À l'inverse, il est impossible de prétendre que tout brevet qui franchit «comme une lettre à la poste» les différents stades du processus d'examen est solide et d'une grande force technologique. C'est particulièrement évident dans le cas de brevets de produits, mais c'est beaucoup moins évident dans le cas d'un brevet portant sur une nouvelle technologie. Examinons brièvement trois exemples. Le premier porte clairement sur un produit; le deuxième est à la frontière technologie-produit; le troisième porte clairement sur une nouvelle technologie.

Premier exemple. Voici un nouveau type d'essuie-glaces pour lunettes. Regardez attentivement la monture. Elle est d'un design plutôt vieillot. L'appareil s'adapterait-il directement sur des verres et ceci, sans les rayer? Les lunettes modernes étant de plus en plus légères, comment sera perçu l'accroissement de masse associé à l'installation de cet appareil? Et, d'un point de vue plus mécanique, quel sera le déplacement du centre de gravité et quelle sera l'importance du moment (qui aura tendance à faire pivoter et tomber l'ensemble)? On pourrait encore analyser l'efficacité des deux balais sur des verres bombés ou courbés, etc.

Avant de passer au deuxième exemple, il convient de rappeler l'impact culturel qu'a exercé et qu'exerce encore, aux États-Unis, une petite phrase de Ralph Waldo Emerson (1803-1882): *«Build a better mousetrap and the world will beat a path to your door.»* (Construisez une meilleure souricière et le monde fera la queue à votre porte.) Voici maintenant cet exemple. Une souricière en forme... de chat dont l'haleine dégage une forte odeur... de fromage (l'inventeur précise même: de fromage *frais* (*fresh cheese*). L'invention se situe à la frontière produit-technologie car la méthode de *disposition* de la souris capturée lorsque la mâchoire du chat se referme (tels les bras du dieu Baal sur les enfants sacrifiés des anciens Carthaginois!)

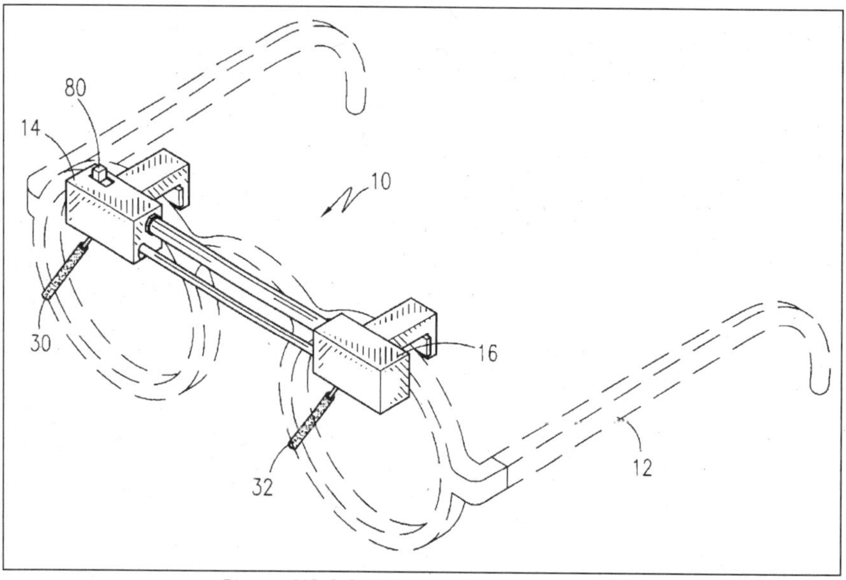

Brevet US 6,640,379 (4 novembre 2003)

Attachable eyeglass wipers – Essuie-glaces pour lunettes

est très originale : la souris passe de vie à trépas lorsque soumise à un manque d'air (*vacuum*). Ajoutons, pour les amateurs de sensations fortes que lorsqu'une souris est capturée, les yeux du chat s'illuminent et que, lorsque la panse de minou est bien pleine, un haut-parleur prévient l'utilisateur. Le produit se situe à la frontière technologie-produit car on n'a plus affaire à un simple piège, on a ici une véritable petite usine[6] !

Les deux brevets précédents ont cheminé sans encombre et ont été accordés *facilement*. Dans les deux cas, le processus fut également très rapide : 22 mois pour le premier cas, 17 mois dans le second. Ces deux exemples, à eux seuls, constitueraient une preuve suffisante qu'un parcours sans embûches n'est pas un gage de validité, mais nous devons encore donner un exemple associé à une véritable technologie.

Troisième exemple. Celui d'une nouvelle technologie. Le contexte est le suivant : le centre de recherche d'une grande entreprise qui conçoit des systèmes de dépollution des effluents gazeux industriels (c'est-à-dire les gaz émis par des usines ou des centrales thermiques

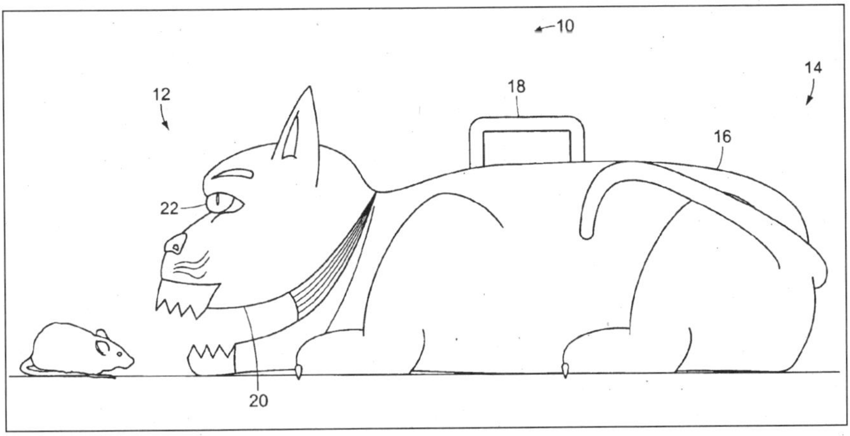

Brevet US 6,865,843 (15 mars 2005)
Portable electrical mouse trap – Trappe à souris électrique portable

par exemple) imagine de minimiser les coûts énergétiques du nouveau procédé qu'il a développé et dont il a construit un premier prototype (qui ressemble à une petite usine pilote). Ajoutons que cette nouvelle technologie s'est vu accorder un brevet.

Pour le petit groupe de chercheurs qui a choisi de relever ce défi de «l'efficacité énergétique», le problème est d'un niveau technologique assez élémentaire et peut être résolu en faisant appel à un bagage de connaissances partagé par toute la communauté scientifique (rappelons que l'on ne peut breveter un principe scientifique). Il s'agit de récupérer de la chaleur dans les zones «chaudes» du procédé pour l'apporter vers les zones «froides». Rien de bien difficile. Le schéma initial du système de récupération de chaleur fut donc effectué en quelques minutes et tout allait pour le mieux lorsqu'un membre de l'équipe trouva un brevet qui portait sur le même secteur technologique. Ce brevet avait suivi un parcours sans heurts et avait été accordé facilement. Comment, se demandèrent les chercheurs, un tel brevet a-t-il pu être accordé? Ce sont là des principes connus de tous les ingénieurs, des mécanismes exploités par tous les experts du domaine! Ils en vinrent à penser que le brevet n'était pas très solide et que, si quelqu'un le contestait, il pourrait bien gagner. Ils rêvèrent même de le contester! Mais ils jugèrent que leur entreprise était beaucoup moins puissante que la multinationale qui s'était vu accorder le brevet en question. Seront-ils capables d'exploiter leur idée sans problème? Devraient-ils entamer des négociations avec l'entreprise détenant ce brevet? Devraient-ils demander une licence d'exploitation? L'obtiendraient-ils? Quel est le risque réel qu'ils courent s'ils ne font pas cela? L'avenir le dira.

Un retour à la source

L'analyse que nous venons d'effectuer débouche parfois sur une véritable dichotomie. Dichotomie entre le *discours* tenu par l'inventeur (et entendu lors de la première rencontre) et les *choses* ou les *faits* décrits par le brevet. Dans un tel cas, l'invention dont a si éloquemment parlé l'inventeur, celle dont il a relaté l'histoire avec enthousiasme et passion; celle dont il a tant vanté les avantages; celle dont il a si bien identifié les lignes de force n'est pas celle qui a été dévoilée par l'analyse. Elle est celle dont il a rêvé ou celle dont il continue de rêver; elle n'est pas *tout à fait* celle qui est définie, limitée, protégée par le brevet. Les différences peuvent lui apparaître (et nous apparaître[7]) légères et ô combien insignifiantes! Elles n'en existent pas moins et elles sont vitales! Le discours que développe l'inventeur et qu'il diffuse autour de lui est parfois bien éloigné du texte du brevet qui, lui, demeure dans l'ombre.

Cette dichotomie peut déboucher sur de sérieux antagonismes: entre l'inventeur et l'évaluateur, entre l'inventeur et sa propre équipe. Effectuer l'analyse est une chose; en gérer les conséquences en est une autre (qui déborde le cadre du présent ouvrage). Prudence donc!

Les demandes de brevets

Souvent, très souvent même, aucun brevet n'a encore été accordé à l'invention visée par la demande d'assistance financière qui nous est adressée. Tout au plus l'inventeur a-t-il procédé au dépôt d'un brevet. Dans un tel cas, et malgré tous les avis de précaution que nous avons avancés en parlant des brevets, comment estimer la valeur, l'importance et la solidité de la technologie proposée?

Soulignons que lorsqu'une demande de brevet est publiée, le document émis apparaît si formel, si officiel, si *gouvernemental* que l'on est spontanément porté à lui conférer l'autorité, l'importance et la portée que seul possède le brevet accordé. Vérifions cela en considérant l'aspect des pages reproduites ci-dessous.

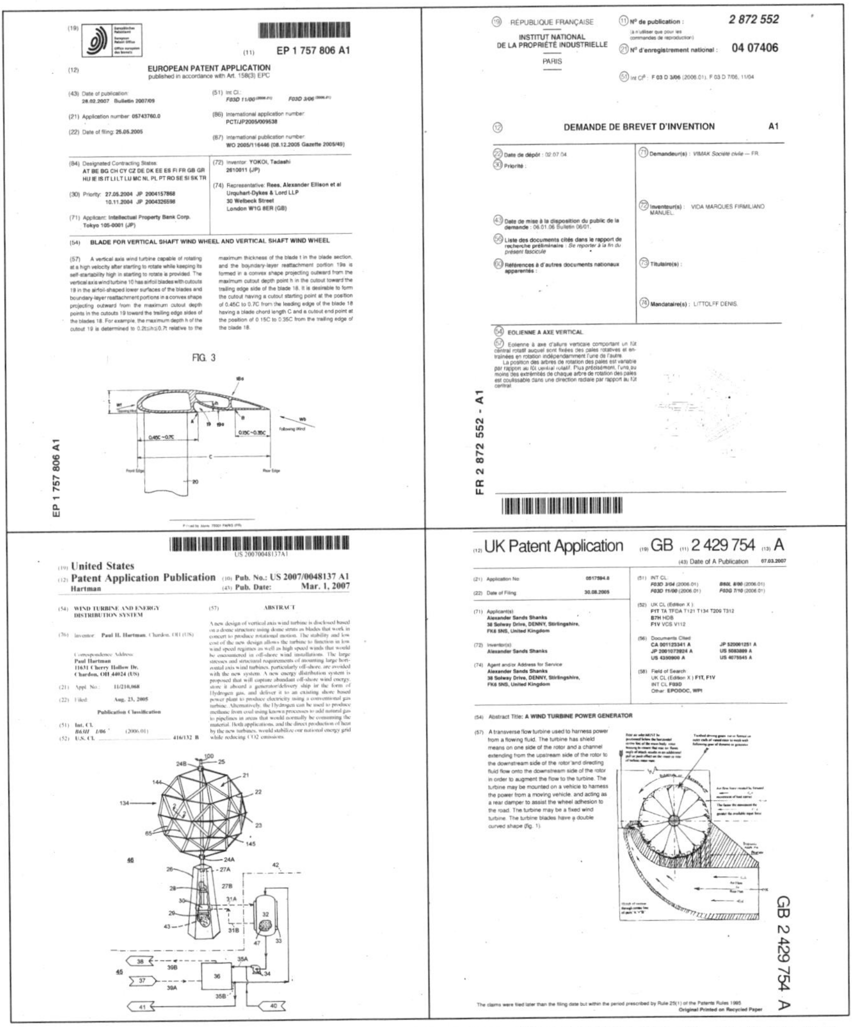

Demandes de brevets EP 1757806, FR 2872552, US 2007/0048137, GB 2429754
(Noter l'utilisation des mots «application» (en anglais) et «demande» (en français).)

Le premier écueil qu'il convient ici d'éviter est celui de l'extrapolation. Il importe de se rappeler que tout dépôt d'une demande de brevet ne conduit pas automatiquement à l'attribution d'un brevet. Soulignons que la plupart des inventeurs aiment croire, à se faire croire et à faire croire qu'une demande de brevet est équivalente à un brevet. Or, la chose est loin d'être vraie.

Donnons en un seul exemple. Fin décembre 2000, trois inventeurs font parvenir au USPTO une demande de brevet portant sur une technologie visant à modifier la température de surface des océans et permettant, par voie de conséquence, d'atténuer l'intensité ou la violence de certains phénomènes climatiques comme les ouragans. En novembre 2001, les inventeurs reçoivent un avis de rejet (*non-final rejection*). Sur quoi était fondé cet avis, quelle était sa portée, quel fut son impact, l'invention pouvait-elle être révisée, modifiée, bonifiée de façon à devenir plus brevetable ? Nous ne le savons pas. Le dossier, par contre, mentionne qu'en juin 2002, les inventeurs ont choisi d'abandonner leur demande. Ce brevet (c'est-à-dire sous la forme qu'il avait) ne sera donc jamais accordé. (Réf. US 2002/0009338, 24 janvier 2002, « Influencing weather patterns by way of altering surface or subsurface ocean water temperatures »).

Tout aussi important que celui de l'extrapolation est l'écueil du nombre de demandes. Un vieil adage affirme que « le papier ne refuse pas l'encre ». Certains inventeurs et certaines entreprises semblent y faire souvent appel. Ils multiplient les demandes de brevets, créant ainsi une illusion qui n'est pas sans rappeler ces nuages d'objets largués par les avions militaires pour dévier les missiles qui les pourchassent.

Sans vouloir donner d'exemple précis, nous allons brièvement montrer combien il est facile de tomber dans cet excès. Imaginons pour cela qu'un inventeur, après s'être vu décerner un brevet pour un nouveau type de trombone s'avise un jour que ces petits objets ne sont pas seulement utilisés pour attacher ensemble des feuilles de papier, mais aussi pour fermer des sacs, pour crocheter de vieilles serrures, nettoyer des ongles, calmer les nerfs de personnes stressées, faire des colliers aux enfants, etc. Imaginons maintenant que notre inventeur, enthousiasmé par cette multitude d'usages et de marchés potentiels dépose une kyrielle de brevets portant chacun sur un usage spécifique de son invention à laquelle il ne modifie toutefois rien. Quelle est la probabilité qu'il se voie accorder tous ces brevets? Eh bien! elle est à peu près nulle, tout simplement parce que ces demandes entreront en conflit avec le brevet initial[8]. Mais qui ne serait sensible à l'illusion? Quel financier ne rêverait d'extraire un certain profit de tous les marchés évoqués? Qui, rêvant, ne se plaira pas à imaginer qu'il existera une certaine probabilité de se voir décerner, ne serait-ce qu'un seul brevet? Qui ne glissera pas d'une *certaine probabilité* à une *probabilité certaine*?

En conclusion: ne jamais considérer qu'un brevet déposé sera accordé. Si un rapport de l'examinateur est disponible, consultons-le. Si le rapport mentionne que le brevet tel que soumis est rejeté (*non final* ou *final rejection*), demandons à l'inventeur comment il compte réviser, mieux définir et mieux borner son invention. Faisons évaluer ses idées par un spécialiste du domaine.

Accordons aux demandes de brevets autant d'attention qu'aux brevets déjà accordés... et deux grains de sel au lieu d'un!

Les rôles respectifs de l'expert scientifique et de l'agent de brevets

Dans les chapitres précédents, nous avons suggéré de travailler en étroite collaboration avec un expert afin d'évaluer l'invention considérée. Nous avons surtout conseillé de ne pas accorder une importance démesurée à un brevet, même s'il a été accordé (avec des variations) dans plusieurs pays. Or, quand on parle de brevet, on parle souvent d'agent de brevet et de firme spécialisée dans la gestion de la propriété intellectuelle. Quelle est la place de ces agents et de ces firmes dans le processus d'évaluation que nous sommes en train de définir? Elle est centrale mais non vitale.

Elle est centrale car le dossier que nous avons proposé d'examiner avec soin, ce dossier qui contient tous les échanges entre l'inventeur, son agent de brevet et l'examinateur (représentant le pays dans lequel le brevet a été demandé), ce dossier qui contient toutes les critiques, toutes les réponses, tous les arguments et les contre arguments ; ce dossier qui contient toutes les revendications initiales de l'inventeur et toutes les modifications ultérieures de ces revendications. Ce dossier sur lequel est fondée une grande partie de notre analyse n'a pu être bâti, structuré, consolidé que grâce au travail minutieux et rigoureux de l'agent de brevet.

Elle n'est pas vitale car, à ce stade du développement de la technologie, les principaux obstacles sont d'ordre scientifique, technologique et parfois même industriel. À ce stade du processus d'évaluation, le brevet n'est qu'un document décrivant bien la technologie. (La plupart des inventeurs n'étant ni écrivains, ni écrivassiers, il leur faut souvent l'*appât* du brevet pour se mettre à documenter correctement leur invention!) La force *réelle* du brevet, son potentiel commercial ne sont pas encore des préoccupations majeures. (Elles le deviendront bien assez tôt!) Or, même si les agents de brevets sont souvent dotés d'une excellente formation scientifique, ce dont attestent leurs diplômes d'études supérieures, l'expérience montre qu'un expert indépendant (c'est-à-dire ne tirant aucun revenu du processus de demande, d'attribution, de maintien et parfois même, de protection d'un brevet) est plus libre dans son jugement, plus tranchant aussi. Nous en voulons pour preuve tous ces brevets *farfelus* qui existent dans les banques de données. À leur lecture on est souvent pris de commisération pour tous ces agents de brevets qui ont, *malgré tout*, accompagné l'inventeur jusqu'au bout de son rêve et parfois aussi, hélas! jusqu'au bout de ses ressources.

Nous avons évoqué ci-dessus la force *réelle* du brevet. Il nous faut maintenant préciser ce que nous voulions dire en utilisant cette expression.

Brevet et commercialisation

Supposons que nous ayons fait examiner le brevet d'un inventeur par un expert et que le rapport de cet expert soit excellent : le brevet est fondé sur des bases scientifiques indiscutables et toutes les analyses démontrent qu'il sera possible de bâtir un prototype ou une usine pilote qui atteindra les objectifs visés.

En possession d'un tel rapport, nous aurons tendance à considérer que le succès est proche et que les risques financiers sont, somme toute, *acceptables* (surtout si, de plus, nous possédons une étude de marché dont les conclusions sont encourageantes).

Nous n'aurons toutefois que partiellement raison car la réalisation de l'invention décrite par le brevet pourrait exiger le recours à des technologies ou à des produits protégés par d'autres brevets, non détenus par l'inventeur.

Reprenons le cas cité précédemment du centre de recherche ayant conçu un nouveau type d'installation (sorte de mini-usine) pour dépolluer les gaz industriels. Si ce centre bâtit une usine pilote et y incorpore le système de récupération de chaleur que ses chercheurs ont imaginé, il est possible qu'il *empiète* sur le brevet qui a été accordé à une autre entreprise (brevet qui porte exclusivement sur de tels systèmes de récupération de chaleur). (Nous utilisons, quant à nous, le verbe *empiéter*; laissant aux experts juridiques l'utilisation du verbe *enfreindre*).

Puisqu'il est très difficile de connaître tous les brevets pris dans un domaine et encore plus difficile d'évaluer les recoupements, les empiètements et les conflits possibles, on ne peut blâmer l'inventeur de ne pas nous prévenir d'une telle possibilité (surtout si son brevet a été accordé).

Si l'on désire absolument éviter toute (mauvaise) surprise ultérieure, on peut demander à un agent de brevet ou à une entreprise spécialisée dans le domaine de la gestion de la propriété intellectuelle d'effectuer une analyse de «liberté d'action» (*freedom to operate*). Ajoutons qu'une telle analyse est souvent coûteuse. On peut donc comprendre que peu de gens l'exigent, surtout lorsqu'il s'agit d'un premier financement.

L'évaluation en l'absence de brevet ou de demande de brevet

Comme nous l'avons démontré dans les chapitres précédents, la réception, par un organisme national, d'une demande de brevet ou l'attribution, par ce même organisme, d'un brevet ne constituent pas des preuves de la «force technologique» d'une invention.

Avant de passer à ce qu'il convient de faire lorsque l'inventeur n'a même pas déposé une demande de brevet, il est utile de revenir sur quelques avantages du processus de demande de brevet.

En général, le processus de demande d'un brevet est long, ardu et coûteux. Ces trois caractéristiques qui semblent, *a priori*, ne générer que des embûches sont aussi, paradoxalement, une source cachée d'amélioration et de consolidation de l'invention. Expliquons cela.

Le processus est long. Il peut même s'échelonner sur plusieurs années, tout particulièrement si l'invention telle que décrite dans le document initial est refusée. L'inventeur devra donc développer ou consolider, en lui-même, motivation, ténacité et pugnacité, qualités essentielles pour le développement industriel et commercial ultérieur de l'invention.

Le processus est ardu. L'agent de brevet et l'examinateur exigeront de l'inventeur qu'il procède à un examen exhaustif de ce que l'on appelle «l'art antérieur», c'est-à-dire de tous les brevets et de toutes les technologies existantes qui sont *semblables* à son invention. Ils exigeront aussi qu'il réponde à toutes leurs questions: qu'il explique, qu'il détaille, qu'il précise, qu'il qualifie et quantifie. Ce travail, dont la réalisation exige autant d'humilité que d'intelligence et de subtilité obligera l'inventeur à, non seulement s'ouvrir aux autres innovations mais à comparer sans cesse et, partant, à bonifier, préciser, affiner son invention, son originalité et sa différenciation.

Le processus est coûteux, très coûteux même si l'invention est complexe et/ou si l'on demande une protection dans plusieurs pays[9, 10]. La plupart des inventeurs n'étant pas riches il leur faut, pour supporter ces coûts, une foi indomptable dans le bien fondé de leur invention ainsi que dans son potentiel commercial. Un financier pensera à juste titre que l'investissement monétaire de l'inventeur est un témoignage de son engagement personnel. Il considérera aussi parfois, que cet investissement est un gage de la validité de l'invention, ce en quoi il pourrait avoir tort!

Malgré les avantages indéniables que procure le processus de demande de brevet, tant à l'inventeur lui-même qu'aux investisseurs qui le soutiennent, il convient de ne pas oublier qu'il est parfois tout à fait justifiable de ne pas déposer de brevet. On cherche alors à protéger la propriété intellectuelle par une pratique de «secret industriel». On ne dit rien, on ne publie rien, on contrôle soigneusement l'information fournie aux employés, on encadre leur travail par des ententes de confidentialité. Bref, on essaie de maintenir le secret le plus absolu sur la propriété intellectuelle originale qu'on a développée.

Un exemple? Pour ce que nous en savons, les grands parfumeurs ne brevètent pas les compositions de leurs parfums[11] alors qu'ils cherchent au contraire la protection très officielle que confèrent les «dessins industriels» pour les formes des petites bouteilles dans lesquelles sont vendus ces parfums. Ne pas breveter évite d'avoir à tout dire et évite ainsi le copiage facile, les techniques d'analyse chimique et de rétro-ingénierie n'étant pas assez avancées pour qu'il soit possible de retracer l'origine végétale ou animale des molécules identifiées par l'analyse.

Bien des inventeurs de nouvelles technologies adoptent, eux aussi, une telle attitude face aux brevets et au dévoilement public de leur invention. Ils savent, plus ou moins consciemment, qu'il est parfois assez facile de «contourner» (*design around patent*) un brevet qui porte sur une technologie. En effet, une technologie est un *logos*, un savoir qui, au premier degré, s'exprime par des processus et des procédés. Ces procédés, souvent complexes, comprennent plusieurs étapes et reposent sur la gestion de nombreux paramètres. Concevoir une amélioration, inventer une différentiation est souvent facile. C'est la raison pour laquelle une enquête concluait que, «dans l'industrie en général, les brevets sont considérés efficaces pour 35% des innovations de produits et 23% des innovations de procédés»[12].

Deux exemples nous permettront d'acquérir une perception intuitive de la faiblesse relative des brevets accordés à des procédés par rapport à ceux qui sont accordés à des produits. Nous emprunterons ces exemples au domaine général des gaz et parmi les brevets américains accordés en 1972.

Le premier exemple est celui d'une lampe halogène qui contient un nouveau mélange de gaz. Ce brevet ne contient qu'une seule revendication (*claim*) et elle n'a que 5 lignes! On y donne (entre autres choses) la composition du gaz qui est utilisé dans l'ampoule. Il s'agit d'un mélange d'au moins un gaz neutre (azote ou argon, par exemple) et de chloroforme, la fourchette de concentration de chloroforme se situant entre 0,01 et 0,1 micromole par centimètre cube. Voici une invention très simple qu'il ne sera pas facile de contourner. (Référence: Brevet US 3,644,772 (22 février 1972) «Halogen lamp».)

Le second exemple porte sur une ligne de traitement du gaz naturel. Ce brevet contient 8 revendications. La première s'étend sur 26 lignes et le procédé qu'elle décrit contient 9 étapes (*steps*). Le schéma global reproduit ci-dessous montre la complexité du procédé.

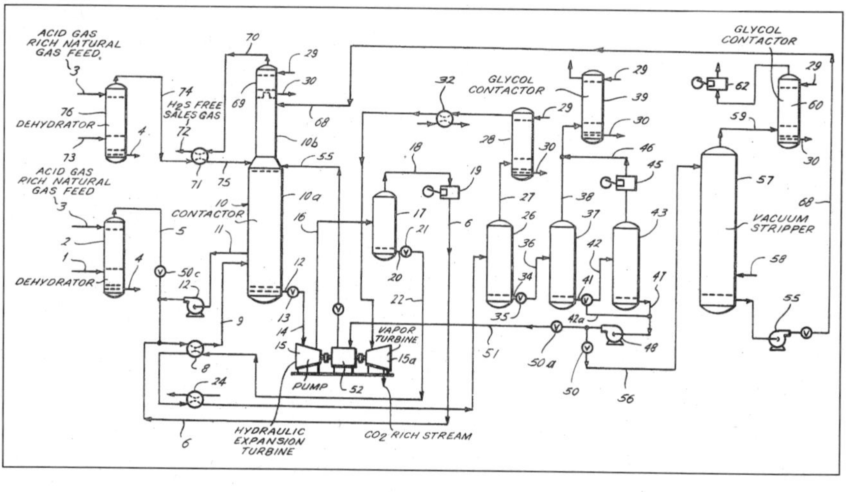

Brevet US 3,664,091 (23 mai 1972)
Process and system for removing acid gas from natural gas

On peut, sans peine, imaginer qu'un expert du domaine n'éprouvera pas trop de difficultés à concevoir des améliorations portant soit sur les équipements, soit sur leur fonctionnement.

Ajoutons à notre réflexion le fait suivant. Lorsqu'une technologie est «dans l'air», lorsque les conditions nécessaires à son émergence sont remplies, il arrive souvent que la percée soit effectuée simultanément (ou presque) par plusieurs personnes, dans différents pays, et sous l'égide d'entreprises déjà compétitrices. Cette caractéristique du développement technologique jette une ombre sur la gestion de la propriété intellectuelle par le «secret industriel».

Le cas de la technologie de synthèse du diamant est ici emblématique[13]. Si la General Electric Co avait été autorisée (par les autorités gouvernementales) à prendre un brevet dès l'origine de son invention et avait pu ne pas la gérer comme un secret industriel, elle aurait évité le litige qui l'a plus tard opposée à la De Beers Consolidated Mines, Ltd.

La gestion par secret peut être excellente, mais elle doit être d'une efficacité absolue, et celle-ci est bien difficile à imposer et à maintenir. De plus, si un jour, une autre entreprise se voit accorder un brevet qui porte sur la même technologie...

Toutefois, il existe une dernière possibilité ou plutôt deux possibilités: l'inventeur n'a pas déposé de demande de brevet parce qu'il doute que son invention soit brevetable ou il se doute qu'elle ne l'est pas. Dans les deux cas, une recherche de «l'art antérieur», c'est-à-dire une recherche exhaustive dans les banques de brevets permet de lever une partie de l'incertitude que fait régner cette attitude.

En résumé: si l'inventeur ne veut pas déposer une demande de brevet, s'il prétend gérer son invention par le secret industriel, il importe de lui faire détailler les raisons de son choix et de vérifier qu'elles ne sont pas l'indice d'une faiblesse de l'invention. Des recherches exhaustives dans les banques de brevets s'imposent. On ne saurait ici trop recommander de faire équipe avec un agent de brevet.

1. Précisons toutefois que, lorsqu'une découverte ou une invention, après avoir monopolisé pendant quelque temps l'attention et les efforts de toute la communauté scientifique, ont été déclarées nulles et non avenues, les instances nationales de protection de la propriété intellectuelle prennent des mesures pour refuser les demandes de brevets qui s'y rapportent. Deux cas récents sont ceux de la «fusion froide» (*cold fusion* – États-Unis, 1989) et de la «mémoire de l'eau» (France, 1988). Ajoutons que la découverte de la mémoire de l'eau aurait donné une base scientifique à l'homéopathie.
2. Nous ne saurions affirmer qu'il existe un lien direct et, en quelque sorte, commercial entre le brevet mentionné et le crayon-feutre trouvé sur le marché, d'autres designs de stylos ergonomiques existants dans les banques de brevets. Voir par exemple les deux documents suivants: US D462,090 (27 août 2002) et US D462,387 (3 septembre 2002) accordés à une entreprise française et portant le même titre: «ergonomic writing instrument». (La lettre D figurant avant le numéro indique que le document n'est pas un simple «brevet» mais un «brevet de dessin industriel» (*design patent*). La protection accordée à ce dernier type de propriété intellectuelle est différente de celle accordée à un brevet classique.)
3. Il existe également des brevets faisant état d'appareils fondés sur l'utilisation des champs magnétiques pour traiter l'eau. On trouve, dans l'un de ceux-ci, un commentaire intéressant: *«Les mécanismes impliqués dans de tels traitements magnétiques sont le sujet de beaucoup de spéculations et différentes théories ont été avancées pour donner un semblant de justification aux bénéfices qui en sont tirés» («The mechanisms involved in such magnetic treatments are the subject of much speculation and various theories have been advanced to provide a semblance of accountability for the benefits derived»* US 4,146,479 (27 mars 1979) «Magnetic water conditioner»). Sous un aspect anodin, ce commentaire rend tout processus d'évaluation très difficile puisqu'il suppose premièrement, que l'effet est incontestable, deuxièmement, que la science est incapable d'expliquer cet effet. On est ainsi amené à penser que l'effet est bien réel puisqu'il se situe en avant de la science! Voici un paradoxe digne de l'école de Palo Alto: puisque la science n'explique pas tout et que la science n'explique pas cet effet, cela prouve qu'il est bien réel. Nous reviendrons sur ce thème. Ajoutons que l'on n'en finirait plus de recenser le nombre d'inventions farfelues qui sont fondées sur l'utilisation des champs magnétiques. Quand on pense que, dans le premier traité sur le magnétisme publié en 1600, William Gilbert s'opposait déjà à toutes les superstitions et croyances qui existaient alors autour de ce phénomène! Comme quoi, plus les choses changent...
4. Dans certains cas, cette analyse peut se révéler ardue. Imaginez, par exemple, que nous voulions analyser le brevet US 7,165,615 publié le 23 janvier 2007, accordé à la Shell Oil Company et portant sur une technologie de traitement in situ des formations géologiques contenant des hydrocarbures. Ce brevet contient 674 pages (oui! six cent soixante-quatorze)!
5. Cette «dérive» se produit souvent à l'insu de tout le monde. Nous vient en mémoire un cas où elle n'est apparue qu'après plusieurs années de fonctionnement de la nouvelle technologie (et de commercialisation de ses produits)! Les démarches de résolution de problème conduites pour résoudre les multiples problèmes associés au démarrage de la nouvelle usine avaient amené des modifications (aux équipements et aux procédés) qui *invalidaient* en quelque sorte le premier brevet. (Ajoutons que l'équipe technique de cette usine n'avait jamais lu le brevet.)

6. Ne résistons pas au plaisir de chanter, avec le poète Jean Richepin:

   «Ah! Qui donc m'achètera
   Mon joli piège,
   Mon joli piège?
   Ah! Qui donc m'achètera
   Mon joli piège à rat?»

   (*La chanson des gueux, (le fou), 1910*)

7. Sans prétendre pénétrer les arcanes de l'esprit humain, mentionnons l'existence d'étranges cas de «folie à deux» (*dual madness*) dans lesquels l'évalué et l'évaluateur se mettent au diapason l'un de l'autre et rêvent de conserve. Ce n'est pas toujours l'évalué qui a le plus besoin d'approbation...

8. Une preuve indirecte de la validité de notre estimation réside dans le simple titre d'un brevet: «*Multi-purpose* paper clip» (*c'est nous qui soulignons* – US 6,163,934, 26 décembre 2000). Une autre invention est également liée à notre analyse. Il s'agit d'une sorte de panneau ouvragé qui permet à des enfants de jouer avec des trombones. Le brevet porte sur le panneau (*a game board for construction type games*) et non sur le trombone qui est utilisé pour le jeu (*conventional paper clip*). (Réf. US 4,041,637 (16 août 1977), *paper clip construction toy*; les deux citations sont extraites de la revendication n° 1 (p. 2)).

9. Pour un estimé des coûts associés aux brevets, consulter le site de The International Federation of Inventors'Associations: http://www.invention-ifia.ch

   La publication de John R.S. Orange disponible à ce site: «Costs – An issue for whom» est particulièrement éclairante.

10. Ajoutons que la protection accordée à un brevet n'est pas toujours un gage de rentabilité surtout lorsque l'optimisation de la technologie s'étendra sur de nombreuses années et lorsque la valeur ajoutée au produit est relativement faible. C'est en considérant de telles possibilités que des économistes ont suggéré d'assouplir les systèmes de protection de la propriété intellectuelle. Voir, par exemple: «Nordhaus's theory of optimal patent life: a geometric reinterpretation» dans: F.M. Scherer, *Innovation and growth – Schumpeterian perspectives*, The MIT Press, 1984, ISBN 0-262-19222-5.

11. Les compositions des fragrances sont particulièrement tenues secrètes. D'autres composants étant, quant à eux, parfois protégés par des brevets. Ces composants sont, on le devine, ceux qui peuvent être le plus facilement identifiés et retracés par des techniques d'analyse chimique.

12. *«Patents are considered effective for [...] 35% of product and 23% of process innovations for all industries»* (p. 20 dans: Petr Hanel, *Intellectual property rights business management practices: a survey of literature*, Note de recherche, 2004-01, Centre interuniversitaire de recherche sur la science et la technologie, CIRST, disponible au site: http://www.cirst.uqam.ca). Ce même document atteste l'existence de l'opinion selon laquelle *«les brevets sont même généralement moins efficaces pour la protection des innovations de procédé, qui sont préférablement tenues secrètes»* (*op. cit.* p. 7, *«Patents are generally even less effective for protection of process innovations, which are best kept secret»*).

13. Il existe désormais plusieurs technologies de production de diamants par voie de synthèse mais, à l'époque où se situe cette histoire (c'est-à-dire dans les années 50), une technologie était dominante (technologie identifiée par l'acronyme HTHP: *high temperature, high pressure*). Ajoutons que GE avait déposé au USPTO, le 14 février 1955 trois brevets couvrant l'essentiel de sa

technologie. Ces brevets ont été accordés le 21 juin 1960 avec un groupe de neuf autres brevets (c'est-à-dire 12 brevets US accordés à GE ce même jour; mentionnons, pour les curieux qu'il y avait, dans ce groupe, un document déposé beaucoup plus tard (soit, n'ayons pas peur d'être précis: le 6 janvier 1958!). Comme quoi le processus d'examen d'un brevet peut être d'une durée très variable.

Sources d'informations et banques de brevets

Nous donnons ci-dessous les coordonnées de trois organismes qui mettent à la disponibilité du public leurs banques de brevets.

United States Patent and Trademark Office
http://www.uspto.gov

European Patent Office
http://ep.espacenet.com/

Note: Les brevets émis par certains pays d'Asie comme la Chine (code: CN), la Corée (code: KR) et le Japon (code: JP) sont disponibles à ce site avec, souvent, un résumé en anglais.

Office de la Propriété Intellectuelle du Canada
Canadian Intellectual Property Office
http://patents1.ic.gc.ca/

(Plusieurs brevets accordés entre 1869 et 1894 sont présentés et commentés au site http://collectionscanada.ca/innovations/)

Les trois sites mentionnés ci-dessus donnent énormément d'informations. Il existe des sites permettant des recherches plus fines pour certains pays. En général, la consultation de ces sites exige une maîtrise de la langue dans laquelle sont écrits les documents complets (des résumés étant parfois disponibles en anglais). Mentionnons, par exemple:

Pour le Japon:
http://www.jpo.go.jp

Pour la Roumanie:
http://193.230.133.4/cgi-bin/invsearch8

Pour l'Australie:
http://pericles.ipaustralia.gov.au

Pour le Royaume-Uni
http://www.patent.gov.uk

Des entreprises et des organismes offrent également des abonnements à des moteurs de recherche. Mentionnons, par exemple:

http://www.plutarque.com
http://www.delphion.com

Le survol ne serait pas complet sans donner la référence du site:

http://www.google.com/patents

Côté livres, les deux ouvrages suivants peuvent être consultés avec profit:

Le verrouillage du savoir. Guide de gestion de la propriété intellectuelle, ministère de l'Industrie et du Commerce, Office de la propriété intellectuelle du Canada, Les éditions Transcontinental inc., 2000, ISBN 2-89472-109-9.

Patent fundamentals for scientists and engineers (2e edition), Thomas T. Gordon et Arthur S. Cookfair, Lewis Publishers, 2000, ISBN 1-56670-517-7.

Quatrième étape

L'évaluation de la pertinence de l'invention

L'établissement de la crédibilité de l'inventeur

Si une invention a franchi avec succès les premières étapes du processus d'évaluation, cela veut dire qu'elle est très probablement réalisable et qu'elle produira les effets recherchés.

Il convient maintenant d'établir la pertinence de cette invention. Il s'agit de vérifier qu'elle est arrimée à un besoin réel du marché. Comprenons-nous bien et rappelons que nous situons la présente démarche dans un contexte technologique. Le besoin du marché que nous évoquons ici n'est pas le simple désir des consommateurs; ce besoin est technique et technologique. Il n'est pas *besoin de différence*; il n'est pas *besoin de nouveauté*; il n'est pas *besoin de besoins*. Il est, avant tout, *besoin de solutions*. Il s'agit par exemple, de vouloir accroître la performance d'une machine, de prolonger la durée de vie d'une pièce, de diminuer le coût d'un objet, d'inventer un nouveau procédé, de formuler une peinture plus résistante, un alliage plus ductile, un béton moins fragile.

Tout cela semble évident. La difficulté réside dans l'estimation de l'importance du problème que l'invention se propose de résoudre et, plus fondamentalement, dans la connaissance et la perception de ce problème que possède l'inventeur.

Si le processus d'invention trouvait toujours sa source dans la volonté de résoudre quelque problème technologique ou scientifique, cette pertinence serait, en quelque sorte, toujours enchâssée dans l'invention mais tel n'est pas le cas. Souvent l'inventeur suit une idée et ce n'est qu'ultérieurement qu'il développera le discours qui intégrera cette idée et l'invention qu'elle a fait naître dans l'univers des technologies et de l'industrie.

L'évaluation de la pertinence n'est donc pas aussi simple qu'on pouvait le penser au premier abord. Elle est toutefois assez facile à conduire lorsqu'on la scinde en deux processus (qui peuvent être poursuivis en parallèle et dans l'ordre désiré). Ces deux processus sont :

- La vérification de la crédibilité de l'inventeur ;
- Le balisage technologique.

Nous consacrerons le présent chapitre au premier de ces processus.

Commençons en affirmant qu'il ne s'agit pas, à ce stade, d'évaluer la personnalité, la motivation ou la performance de l'inventeur, mais d'évaluer les connaissances techniques, scientifiques, technologiques ou industrielles qu'il possède et qui le lient et le relient à son invention. Il s'agit d'établir à la fois sa crédibilité et sa légitimité. Pour que cela soit plus clair, considérons deux exemples.

Premier exemple. L'invention porte sur une machine destinée à euthanasier les rongeurs sans que ceux-ci tombent en un état de *détresse* (sic). Si nous avions à évaluer une telle invention, nous devrions nous demander si l'inventeur a, lui-même, souvent euthanasié des rongeurs. Est-il vétérinaire, exterminateur, biologiste ou encore chercheur[1] dans un des domaines de la médecine par exemple. Comment connaît-il le phénomène de « détresse » ? Pourquoi *pense*-t-il, pourquoi *croit*-il, pourquoi *sait*-il qu'il est nécessaire de le diminuer ? Comment en est-il venu à penser qu'une telle technologie était indispensable ? Peut-il citer des lois, des règlements, des pratiques de laboratoire, un code d'éthique ou de déontologie qui rendent nécessaire le recours à la technologie qu'il a mise au point ? Quelle expérience professionnelle, quel intérêt personnel ou quel sens de mission sociale a amené l'inventeur à connaître toutes ces choses ?

Deuxième exemple. L'invention porte sur un appareil et une méthode pour prédire la probabilité de comportement «explosif» chez certaines personnes. L'inventeur est-il psychiatre, policier, psychologue, neurologue, éducateur, gardien de prison? A-t-il déjà eu à travailler ou à interagir avec de telles personnes? Comment lui est venue l'idée de prédire ce type de comportement? D'où est venu ce besoin? L'utilisation d'un tel appareil est-elle envisageable dans le cadre des lois existantes? Comment sera gérée et protégée l'information fournie par cet appareil? Sait-il tout cela? A-t-il songé à tout cela?

Note: Ces deux inventions sont bien «réelles» et sont décrites dans les documents suivants:

Premier exemple: Demande US 2005/0022808 (3 février 2005); «Rodent euthanasia machine»[2];

Deuxième exemple: Brevet US 6,044,292 (28 mars 2000), «Apparatus and method for predicting probability of explosive behavior in people».

Dans certains cas, une évaluation très sommaire du lien entre l'inventeur et l'invention permet de douter de la pertinence de cette dernière. Regardez le schéma suivant. Il figure dans un brevet qui a été accordé. Des aimants, placés dans un soutien-gorge, stimulent des zones érogènes. Le schéma montre un vêtement féminin et l'auteur, si l'on peut en juger par son prénom, Michael, est... un homme! On pourrait donc, avec raison, se demander si son invention répond à un réel besoin biologique des corps de sexe féminin[3]. (Ref. US 6,332,862 (25 décembre 2001), «Articles of clothing incorporating magnets for therapeutic purpose»).

À l'inverse, un diplôme ou même une panoplie de diplômes, de certificats et d'attestations ne doit pas distraire l'évaluateur et faire déraper le processus d'évaluation en focalisant l'examen sur les qualités de l'inventeur ou sur sa formation seulement. Rappelons que l'on cherche à établir le lien entre l'inventeur et l'invention; on ne cherche pas à juger séparément de la valeur intrinsèque de chacun d'eux. (Pour l'invention, ce jugement de la valeur intrinsèque s'est déroulé surtout dans les deux premières étapes.)

US006332862B1

(12) **United States Patent**
Zandman

(10) **Patent No.: US 6,332,862 B1**
(45) **Date of Patent: Dec. 25, 2001**

(54) **ARTICLES OF CLOTHING INCORPORATING MAGNETS FOR THERAPEUTIC PURPOSES**

(76) Inventor: **Michael Zandman**, 6 Magnolia La., Colts Neck, NJ (US) 07722

(*) Notice: Subject to any disclaimer, the term of this patent is extended or adjusted under 35 U.S.C. 154(b) by 0 days.

(21) Appl. No.: **09/469,003**

(22) Filed: **Dec. 21, 1999**

(51) **Int. Cl.**[7] **A61N 7/00**; A41B 9/00
(52) **U.S. Cl.** **600/15**; 2/109; 600/38
(58) **Field of Search** 2/115, 159, 109; 24/303; 63/23; 351/158; 428/692; 450/38; 600/1.3, 9, 13, 15, 38

(56) **References Cited**

U.S. PATENT DOCUMENTS

2,999,275	9/1961	Blume, Jr. .	
4,134,405	1/1979	Smit .	
4,162,672	7/1979	Yazaki .	
4,313,438	2/1982	Greatbatch .	
4,314,554	2/1982	Greatbatch .	
4,737,710	4/1988	Van Antwerp et al. .	
4,873,504	10/1989	Blume, Jr. et al. .	
4,921,560	5/1990	Yamaguchi .	
4,924,542	5/1990	Yamaguchi .	
5,085,626	2/1992	Frey .	
5,092,835	3/1992	Schurig et al. .	
5,295,494	3/1994	Rodriguez .	
5,424,703	6/1995	Blume, Jr. .	
5,448,777	9/1995	Lew .	
5,460,593	10/1995	Mersky et al. .	
5,529,569	6/1996	Woo .	
5,720,046 *	2/1998	Lopez et al.	2/159
5,782,671 *	7/1998	Suen et al.	450/38
5,782,743	7/1998	Russell .	
5,817,000 *	10/1998	Souder	600/15
5,950,239 *	9/1999	Lopez	2/115
5,965,282 *	10/1999	Baermann	428/692

* cited by examiner

Primary Examiner—Eric F. Winakur
Assistant Examiner—Nikita R Veniaminov
(74) *Attorney, Agent, or Firm*—Hedman & Costigan, P.C.

(57) **ABSTRACT**

Articles of clothing having magnets incorporated therein placed at areas corresponding to the small arteries and veins which supply blood to erogenous zones including the sex organs. The magnets can be permanently incorporated into the clothing with stitching or removably incorporated into the clothing with a pouch having overlapping sections or releasable means such as VELCRO, snaps or buttons.

19 Claims, 2 Drawing Sheets

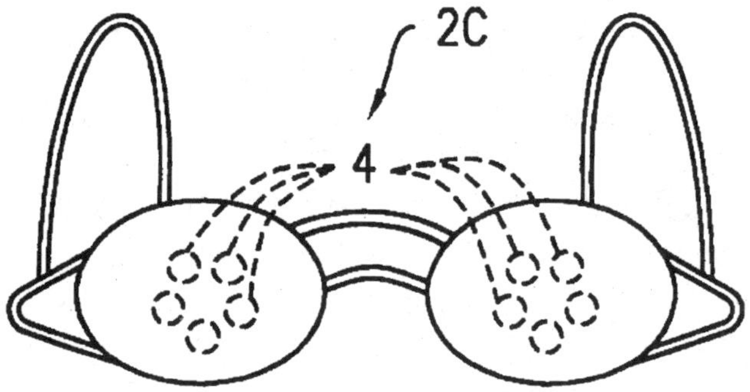

Ajoutons que parfois l'inventeur essaiera de jouer cette carte des diplômes et du respect social qui leur est dû pour mieux faire *passer* son invention ainsi que pour éviter les questions trop pointues ou par trop embarrassantes.

Un seul exemple. En 2002, un inventeur déposait un brevet portant sur un nouveau type de réacteur nucléaire (demande publiée le 14 août 2003, US 2003/0152185, ayant pour titre: «Catalasan nuclear fusion reactor – a rotating centrifugal-laser nuclear fusion reactor» ; le mot «Catalasan» étant le nom de famille de l'inventeur). Conscient sans doute de l'*originalité* extrême de son invention, l'auteur mentionnait, dans le résumé : «Étant moi-même un physicien formé à l'Université de Californie[4]»).

En résumé :

Vérifier la formation de base de l'inventeur

Pourquoi vérifier la «formation de base» ? Parce que si elle n'est pas en lien avec l'invention, il y a tout lieu de croire que cette dernière ne repose pas sur des bases très solides.

Chez la plupart d'entre nous, la capacité de percevoir un problème ne se développe pas en harmonie avec la capacité de le résoudre. Lorsque notre volonté de bien faire, d'aider la société et de trouver des solutions dépasse de loin notre capacité d'utiliser et d'appliquer avec rigueur les méthodes des sciences et du génie, nous devenons vulnérables aux rêves, aux idées les plus folles, aux inventions les plus saugrenues. Dans un ouvrage plus vieux que vieilli, Léon Bloy décrit un type d'inventeur très proche de celui que nous venons d'évoquer. Il faut citer ce passage qui fait également état de la réceptivité de la société.

> *Il s'était fait inventeur pour appartenir plus complètement à un siècle d'inventions. Mais, je le répète, on ne savait que croire de ses découvertes* [...] *Certains sous-entendus accompagnés de sourires vagues donnaient à penser qu'il avait dompté l'espace des airs* [...] *Bref, on ne savait pas et on ne devait jamais savoir. Mais M. Culot jouissait d'une haute notoriété* [...] *(*Exégèse des lieux communs, *première série, 1901)*

Ajoutons que l'habileté à manipuler les mots de la science et de la technologie fait souvent illusion. On entend un discours, on saisit une «belle histoire», on vogue sur du rêve. L'auteur du discours comprend-il réellement ce que signifient les mots et l'assemblage de mots qu'il utilise ? Comment pourrions-nous le savoir ? L'illusion de la science est ainsi bien facile à créer. Les pseudo-sciences sont visibles ; elles peuvent en conséquence être soumises à l'examen. La pseudo-scientificité est cachée, celée ; elle est en conséquence plus dangereuse et moins facile à exposer au grand jour. Ce n'est pas la vérité qui, telle l'Isis du mythe égyptien, se cache sous une infinité de voiles, c'est l'erreur.

D'aucuns brandiront alors le mot «autodidacte» comme un étendard de crédibilité.

Il convient d'être conscient de tout cela.

Vérifier le lien entre la formation de l'inventeur et le domaine de l'invention

Voici une exigence qui avoisine l'évidence. Si, par exemple, un ingénieur en chimie ou un ingénieur en mécanique inventent un nouveau procédé de pharmacie galénique, rien de bien étonnant! Si, par contre, ces mêmes spécialistes prétendent avoir découvert un nouveau médicament, il y aura lieu de mener une enquête plus approfondie.

Restons toutefois ouverts. De nombreux domaines de la science font appel aux mêmes sciences fondamentales et la «fertilisation croisée» est non seulement possible, mais souhaitable!

Vérifier le lien entre l'expérience de travail de l'inventeur et son invention

Cette suggestion ne saurait être minimisée, tout particulièrement lorsque l'inventeur n'a pas déposé une demande de brevet. Si le lien entre l'invention, le passé et/ou l'expérience de travail de l'inventeur est solide et profond, alors il y a une forte probabilité que l'invention soit réellement très pertinente.

Un exemple. Nous avons un jour rencontré un inventeur qui avait mis au point une nouvelle machine destinée à la production de XYZ. Il n'avait pas breveté son invention. Lorsque nous lui avons demandé comment il avait eu cette idée, il nous a expliqué qu'ayant été, pendant de longues années, vendeur et réparateur de machines destinées à la production de XYZ, il connaissait si bien tous les défauts de ces machines, tous leurs dysfonctionnements potentiels, tous leurs problèmes et tous les symptômes de leurs problèmes, il se souvenait si bien de toutes les solutions qui avaient été proposées, de toutes les modifications qui avaient été essayées, qu'il lui avait été relativement facile de mettre au point les innovations qu'il nous présentait. Inutile d'ajouter que, dans de tels cas, il est toujours utile de vérifier (et de contre-vérifier!) les ententes de confidentialité qui ont été passées entre l'inventeur et son ex-employeur!

Le balisage technologique

Il est surprenant de constater qu'à ce jour, l'expression «balisage technologique» n'est pas du tout employée en français. L'idée qu'elle recouvre est pourtant simple. Effectuer un balisage technologique consiste à s'assurer qu'une invention s'insère dans un continuum technologique et qu'elle y a sa place. Expliquons cela.

Pour bien des gens, une invention n'est «passionnante» que si elle est véritablement «révolutionnaire» et ne ressemble à rien de ce qui a été fait *avant*. L'expert pense différemment. Pour lui, la créativité dont ont fait preuve des générations de chercheurs et de savants, la réceptivité dont ont fait montre nombre d'investisseurs et d'industriels ont permis d'explorer les zones les plus reculées des marchés potentiels, les aires les moins visibles des besoins de l'humanité. Pour l'expert, une invention que rien, *mais absolument rien* ne relie à l'histoire du développement technologique est une invention qu'il convient d'examiner avec un soin tout particulier. Pourquoi personne, jamais, n'a proposé une telle invention? Est-ce parce qu'elle est ou était tout simplement impossible à réaliser? Est-ce parce qu'il existait des «verrous technologiques» qu'il importait, tout d'abord, de faire sauter (et, corollaire: ces verrous existent-ils encore)? Est-ce parce que le développement des sciences ne permettait même pas d'imaginer la possibilité d'une telle invention? Autant de questions auxquelles il conviendra de répondre.

Soulignons que nous demeurons ici très proches du sujet traité dans le chapitre précédent. Le balisage permet en effet d'évaluer la force de la relation qui existe entre l'inventeur son invention et, à partir de là, de jauger la force de l'invention. Un inventeur bien informé est un inventeur crédible; une invention balisée est une invention légitimée.

Le balisage technologique peut être effectué en explorant deux types d'information.

- L'information portant sur la nature des technologies qui ont été, dans un passé proche ou lointain, conçues pour réaliser les mêmes fonctions ou satisfaire les mêmes besoins (que ceux visés par l'invention évaluée) mais qui, finalement, n'ont pas été adoptées. On parlera alors de balisage «qualitatif».
- L'information portant sur la nature et la performance des technologies compétitrices, c'est-à-dire adoptées par le milieu industriel. On parlera alors de balisage «quantitatif».

Le balisage «qualitatif»

Ce type de balisage repose sur le paradigme suivant. Quand une idée repose sur des principes scientifiques solides ET qu'elle a donné naissance à de nombreuses inventions ET qu'aucune de ces inventions n'a encore été réalisée (c'est-à-dire adoptée par la société), il y a fort à parier qu'un jour, une invention améliorée verra le jour et sera adoptée.

Un exemple qui vaut mille mots. Un technologue à qui nous venions de parler des «chindogu» se montra particulièrement intéressé par la fourchette tournante destinée à manger sans efforts les spaghettis[5]. Les «chindogu» n'étant qu'un exercice de pure créativité non reliée à quelque ambition commerciale que ce soit, il se dit qu'il saurait, quant à lui, exploiter cette idée avec quelque profit. Il parla de brevet, rêva de marché. Lorsque nous lui avons suggéré de vérifier l'information disponible, il est tombé en extase. Il trouva en effet plusieurs brevets de fourchettes à spaghetti. Dans certains cas, la rotation était assurée par un petit moteur électrique, dans d'autres, la rotation était fondée sur un mécanisme de transformation de mouvement. Voici quatre exemples du premier type.

Du haut à gauche en bas à droite: US 3,589,009 (29 juin 1971) «Spaghetti fork»; US 5,062,211 (5 novembre 1991) «Motorized twisting pasta fork»; US 6,442,846 (3 septembre 2002) «Motorized rotating fork with automatic stop»; US 5,119,563 (9 juin 1992) «Spaghetti fork».

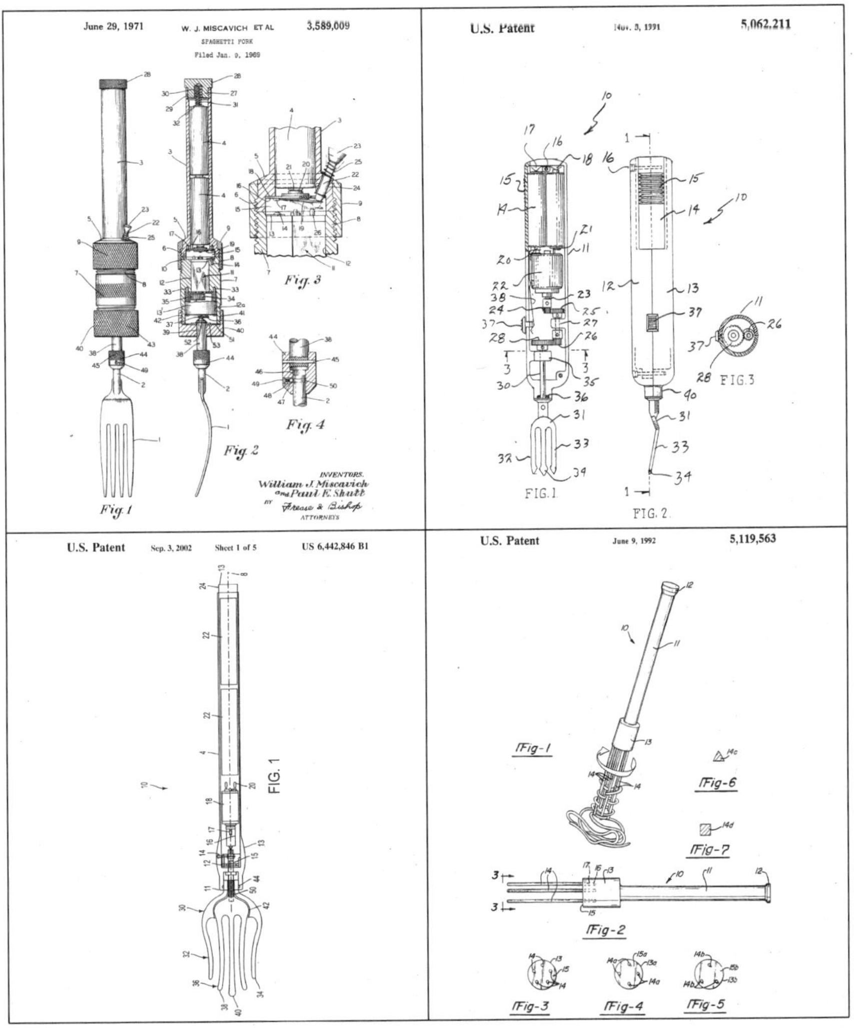

Fourchettes à spaghetti

En suivant notre raisonnement, il était à peu près inévitable qu'un jour, une fourchette à moteur électrique soit mise sur le marché. Ce fut effectivement le cas.

L'histoire est plutôt cocasse. Imaginez maintenant la détresse de l'inventeur qui découvre après des mois (quand ce ne sont pas des années) de travail que «son» produit est déjà sur le marché!

«Twirling spaghetti fork» – Une fourchette «à tête rotative» vendue commercialement (http://www.entertainmentearth.com/prodinfo.asp?number=GW10476#LargeImage)

Jadis, à une époque où l'on ne parlait ni de mondialisation ni de libre circulation des biens, l'aventure pouvait se terminer par une sorte de «reconnaissance partagée». Citons ici le cas du procédé de production électrochimique de l'aluminium, inventé presque simultanément en 1886 par l'Américain Charles Martin Hall et le Français Paul Héroult. Le procédé est aujourd'hui connu comme étant le procédé Hall-Héroult.

En résumé: procéder à un survol exhaustif de l'information disponible. La familiarisation de l'analyste avec un seul type de médium ou de véhicule d'information (banques de brevets, journaux et revues scientifiques, etc.) ne doit pas être considérée comme rédhibitoire. En effet, la redondance est une condition *sine qua non* de la transmission efficace de l'information. La familiarité avec un seul type de banques données peut donc être suffisante si l'analyse est assez poussée. Soulignons toutefois que la méthode la plus simple et sans doute la plus efficace consiste à explorer plus ou moins simultanément plusieurs banques ou ensembles de données.

Le balisage «quantitatif»

Avouons tout de go que cet objectif est souvent bien difficile à atteindre. À ce stade du développement de la technologie, l'inventeur connaît encore assez mal son invention. Même s'il en a réalisé un premier prototype, il est bien rare que les données obtenues à partir de ce prototype soient à la fois fiables et significatives. Comment deviner, comment prédire, à partir d'un prototype 10 fois, 100 fois, 1000 fois plus petit (ou dans le domaine de la physique «plus grand») que l'usine ou la machine envisagée? Comment prédire à partir d'un prototype qui ne fonctionne qu'épisodiquement, qui est sans cesse réparé, modifié, qui est continûment amélioré, bonifié? Comment prédire, à partir de ce prototype ce que sera la performance de l'installation industrielle qui sera un jour bâtie à «grande échelle»? Comment surtout comparer les données fournies par ce prototype aux données que possède et que protège l'industrie en place? Car elle les protège ces données et c'est tout naturel. Pourquoi l'industrie en place partagerait-elle ses secrets? Pourquoi poserait-elle des jalons pour ses compétiteurs? Pourquoi montrerait-elle les bornes de ses capacités? Pour favoriser le développement industriel et l'innovation? Ne soyons ni naïfs ni cyniques. Il est déjà difficile d'identifier les «comparables»; il est encore plus difficile de «se comparer» à eux!

Ces difficultés toutefois, ne sont pas une raison pour baisser les bras. L'obstination, la pugnacité et la recherche fine d'information font toujours des miracles. Et attention! Il s'agit de bien identifier le type de balisage que nous cherchons à effectuer et d'éviter les deux écueils suivants.

- Premier écueil: Essayer de quantifier (avec précision) alors que l'on effectue du «balisage qualitatif».
- Second écueil: Se contenter de qualifier (seulement) alors que l'on effectue du «balisage quantitatif».

Examinons le premier écueil.

Commençons par rappeler que si la nouvelle technologie n'appartient pas à la même famille que les technologies utilisées (actuellement) par le milieu industriel, il n'y aura pas de comparaison valable, et l'on devrait rester dans le domaine du «qualitatif». Dans un tel cas, il y aurait lieu de mener une analyse détaillée car, de deux choses l'une, ou bien cette technologie connaîtra un immense succès, ou bien elle connaîtra un retentissant échec. Il est en effet des secteurs industriels qui sont, à une époque donnée, dominés par des «paradigmes technologiques», les technologies en place ayant créé une véritable «culture» technologique (ou pire: un véritable *monopole technologique*) qui est favorable à leur maintien et au sein de laquelle toute nouvelle technologie a bien du mal à se tailler une place.

Premier exemple. Deux technologies se disputent une très grande part du marché de la production de pièces à parois minces en alliages de magnésium (boîtiers de téléphones cellulaires, par exemple). En Asie, la technologie du «moulage thixotropique» (*Thixomolding®*) est très répandue, en Europe et en Amérique du Nord, la technologie en vogue est celle du moulage par injection (*die casting*). Si un inventeur développe une nouvelle technologie, il y a fort à parier qu'elle aura du mal à se tailler une part de marché.

Deuxième exemple. Depuis l'invention de Hall et Héroult mentionnée ci-dessus, l'aluminium est produit en utilisant un procédé d'électrolyse. De nombreux travaux ont été effectués pour développer un procédé par réduction carbothermique de l'alumine (Al_2O_3). À date, tous les travaux effectués par de brillants chercheurs et soutenus par des industries aux «poches profondes» n'ont pas permis de mettre au point un procédé compétitif. Si quelqu'un nous approche en nous affirmant qu'il possède LA solution. Méfions-nous!

En dernier lieu, non pas un seul exemple, mais un groupe. Celui qui rassemble des technologies qui sont (ou prétendent être) fondées sur un nouveau paradigme scientifique. Précisons que si l'émergence d'un nouveau paradigme social ou industriel apparaît toujours aux scientifiques et aux technologues comme facile et probable, il n'en est pas de même pour celle d'un paradigme scientifique car ces derniers sont rares et leur émergence, surveillée par toute la communauté scientifique, ne passe pas inaperçue. Tout inventeur proclamant que son invention est fondée sur un nouveau paradigme scientifique mérite donc d'être écouté avec attention... et scepticisme. Hélas! Les exemples de telles inventions abondent. Citons, pour la curiosité, ces deux technologies fondées, l'une sur un nouvel effet: «l'effet ouragan» et l'autre, sur un phénomène connu: le «préchauffage» mais dont l'utilité pour améliorer les performances de moteurs à essence est contestée. La première invention a disparu sans fracas de la scène; il n'en fut pas de même pour la seconde (son inventeur ayant même été condamné à une peine de prison).

Références: US 5,083,548 (28 janvier 1992) «Hurricane effect». US 5,794,601 (18 août 1998) «Fuel pretreater apparatus and method». US 6,415,775 (9 juillet 2002) «Preheat fuel delivery system).

Voyons maintenant le second écueil.

Si l'on dispose de données sur les technologies comparables et compétitrices, il convient de les utiliser au mieux. Cela semble facile mais bien des inventeurs ne voient pas d'un très bon œil ce processus de comparaison. Il faut dire que leurs arguments ne sont pas mauvais. Les technologies en place ont été optimisées; elles bénéficient d'effets d'échelle, de réductions de coûts associées à la production de masse; les entreprises qui les gèrent ne dévoilent pas toujours «les vrais chiffres», etc.

Toutes ces suppositions peuvent être vraies. Il n'en demeure pas moins que toute comparaison peut être (et doit être) à la fois vécue, analysée, présentée avec un grain de sel.

Il est toutefois dommage de constater que, souvent, les réticences de l'inventeur à comparer son invention sont acceptées par l'évaluateur de sa technologie. Nous avons si souvent vécu cette situation que nous croyons qu'elle est ancrée dans le paradigme suivant.

On tient trop facilement pour acquis qu'une invention constitue un progrès, que le *mieux* est aussi le *meilleur*, et que le nouveau vaut plus que l'ancien. Expliquons cela. Imaginons qu'un inventeur ait mis au point un nouveau frein pour les automobiles et que ce nouveau frein présente d'incontestables qualités. On pensera alors spontanément que l'inventeur connaissait bien les défauts et les qualités des freins existants sur le marché ; qu'il a, en quelque sorte, capitalisé sur cette connaissance et que, par voie de conséquence, son frein est donc « meilleur » que tous les autres. Inconsciemment, nous situons la nouvelle invention au sommet d'une sorte de « flèche du progrès » dont la base repose sur l'état initial de la technologie (mettons, par exemple, le freinage avec le pied) et dont l'apex est tourné vers l'ultime et idéale invention : celle qui produirait le frein parfait (qui n'userait pas, ne chaufferait pas, ne se voilerait pas, ne se corroderait pas, etc.).

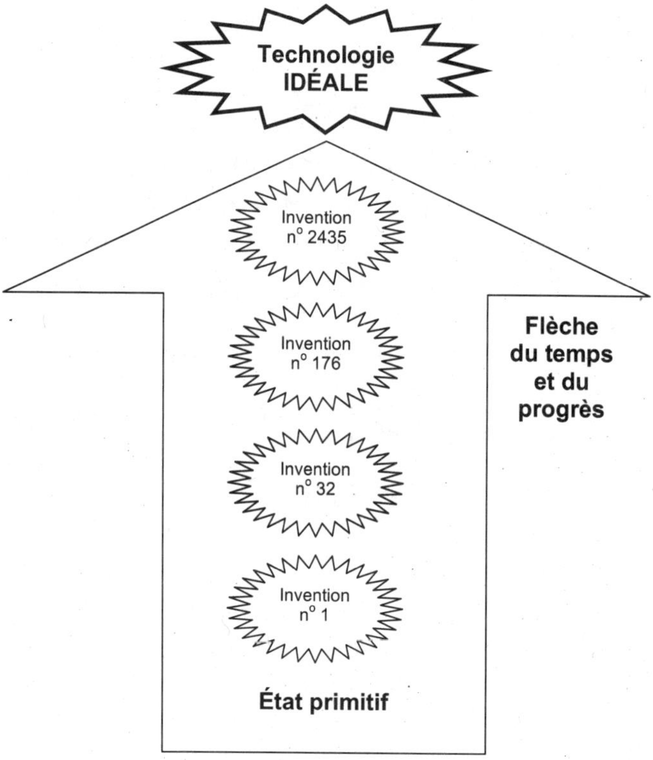

Dans les faits, beaucoup d'inventeurs ne situent pas leur invention dans une chaîne d'inventions ou, pour être plus exact, ils ne situent pas l'*histoire de leur invention* dans l'*histoire d'une chaîne d'inventions*; ils partent d'une idée, non pas d'une connaissance exhaustive de tous les produits compétiteurs[6]. Ils ne se considèrent pas comme «des nains montés sur les épaules des géants» comme le disait si bien Newton mais comme des explorateurs motivés par un rêve et qui cherchent péniblement leur route dans une jungle semée d'embûches. C'est sans doute ce qui explique pourquoi, en certains domaines, la suite chronologique des inventions donne, non pas l'impression d'une flèche de progrès, mais celle d'une sorte de roue qui tourne et qui vire et qui revient à son point de départ[7].

L'image de la roue est trop radicale et celle qui convient le mieux est sans doute la suivante. La nouvelle invention ne prend pas sa place dans une échelle verticale de temps et de progrès mais dans un plan horizontal de diversification. Elle est avant tout différente des autres; elle n'est pas nécessairement meilleure.

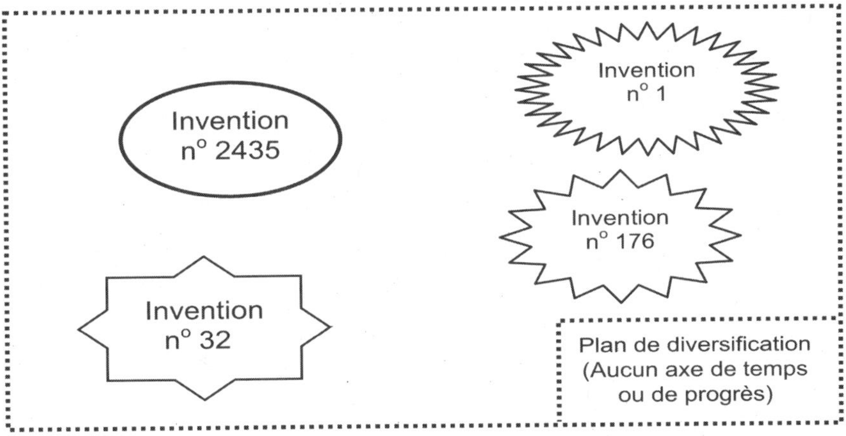

Ces considérations montrent combien il est nécessaire de bien situer la nouvelle technologie parmi les technologies existantes et combien il est difficile, pour effectuer ce travail, de ne s'en remettre qu'à l'inventeur. Ici aussi, la meilleure solution sera de consulter un spécialiste du domaine visé.

---

1. On peut imaginer, en tout cas, que ce chercheur n'est pas un «rat de laboratoire» même s'il est *docte-aux-rats*!
2. Mentionnons, pour les amateurs d'histoire, l'existence du brevet GB 10,347 (Grande-Bretagne) accordé le 3 décembre 1903 et ayant pour titre: «Apparatus for extinguishing, and preventing fire at sea; also for the destruction of rats on board ship». Les deux documents sont fondés sur l'usage du même gaz: le CO_2.
3. On peut se demander quelle femme voudrait, simultanément, presser tant d'*aimants* sur son sein! Sur un ton plus sérieux, deux remarques. La première: beaucoup d'inventions destinées aux femmes exclusivement sont imaginées par des hommes. Leur pertinence mérite alors d'être plus profondément analysée. La seconde: une telle invention aurait-elle franchi la première étape du processus d'évaluation, à votre avis?

   Quelque temps après avoir écrit les lignes qui précèdent, nous avons eu la curiosité de vérifier dans Internet si... Effectivement, il existe au moins deux entreprises qui offrent ce genre de produit. *O tempora! O mores!*
4. «Being an educated physicist myself from the University of California at Riverside and with all due respect to scientists.» Ajoutons qu'après avoir reçu un avis de rejet en 2002, l'inventeur a abandonné cette demande de brevet en 2005.
5. Bien que des brevets aient été accordés pour de telles fourchettes et que certaines aient été commercialisées, on les considère encore comme un exemple de «chindogu». Voir, par exemple, le site suivant: http://www.japaninc.com/article.php?articleID=762
6. Cela n'est que partiellement exact. Beaucoup d'inventions (et beaucoup de brevets) portent sur des «améliorations» (*improvements*). Dans de tels cas, l'inventeur ne prétend pas avoir inventé une nouvelle technologie mais simplement avoir *amélioré* une technologie existante. Le jugement est ici beaucoup plus facile que dans le cas d'une invention que l'on pourrait qualifier de *ex nihilo*. L'estimation de la valeur globale d'une amélioration sollicite davantage l'évaluation comptable que l'évaluation technologique dont il est question dans le présent ouvrage (même si sa valeur *intrinsèque* reste de nature technologique).
7. Dans son ouvrage *L'invention*, René Boirel souligne que «si le progrès technique est si apparent, c'est précisément parce qu'il se déroule d'une manière linéaire: chaque invention s'ajoute à la précédente et vient enrichir d'une manière positive l'équipement de l'humanité». (*L'invention*, PUF, 3e édition, 1966) Ce progrès *visible* témoigne bien plus, selon nous, de l'efficacité et de l'intentionnalité du processus d'évaluation et de tri technologique effectué par la société que de la *linéarité* des idées et des inventions générées par l'esprit humain. Dans un ouvrage plus récent, Andrew Feenberg présente une vision semblable: «La sociologie contemporaine ébranle la vieille idée du progrès unilinéaire tandis que les précédents historiques ne confirment pas l'idée de la détermination par la base.» (*(Re)penser la technique – Vers une technologie démocratique*, La Découverte/M.A.U.S.S., 2004, ISBN 2-7071-4147-X) D'aucuns vont même jusqu'à arborer une vision presque *cyclique*, comme en témoigne le titre du livre de Jean de Kerdéland: *L'antique histoire de quelques inventions modernes* (Éditions Le Nordais, 1981, ISBN 2-89222-007-6).

Cinquième étape

L'examen du prototype

Souvent, très souvent même, l'inventeur ne s'est pas contenté d'écrire et de décrire son invention. Il en a réalisé un premier prototype. Parfois, lorsqu'il a reçu l'appui d'une équipe ou d'une organisation disposant de ressources financières plus importantes que les siennes, ce prototype est impressionnant. Il est toutefois assez rare que ses composantes soient disposées dans le même ordre que celui qu'elles adopteront dans le produit final. L'ergonomie se voit ici accorder bien peu de place et le design industriel, quant à lui, est réservé pour une étape ultérieure du développement. Il se dégage donc parfois, d'un premier regard à ce prototype, une impression de désordre et, osons le mot, d'étrangeté qui peut influencer de façon négative le néophyte ou celui que son travail situe à mille lieues de la technicité. Il convient donc de focaliser son attention sur trois objectifs différents. Ces objectifs sont:

- La mesure de l'effet;
- L'analyse des points forts et des points faibles;
- L'estimation des problèmes de mise à l'échelle.

La mesure de l'effet

Le présent chapitre sera tout entier consacré au premier point: la mesure de l'effet. Commençons par une évidence: toute technologie produit un effet. Tirons-en cette conséquence: toute revendication de l'invention d'une nouvelle technologie doit démontrer l'existence d'un effet. (Attention! Il ne s'agit pas nécessairement d'un *nouvel effet*, au sens scientifique de l'expression.) L'examen du prototype doit, d'abord et avant tout, permettre de constater la présence, l'existence de cet effet. La *mesure* dont nous parlions ci-dessus étant, en quelque sorte, subordonnée à cette observation.

Pour pouvoir constater l'existence de l'effet, il faut que le prototype soit fonctionnel et opérationnel au moment de l'évaluation. Tout ceci semble simple mais hélas, que d'écueils à cette étape! Souvent, le prototype fonctionne mal; parfois il est en panne et ne fonctionne tout simplement pas. Nulle duplicité n'intervient ici. Nulle tromperie. Un prototype est toujours fragile et bien des composantes n'ont pas été conçues initialement pour l'utilisation qui en est faite. C'est d'ailleurs pour résoudre tous ces problèmes que l'inventeur et son équipe ont besoin d'argent; ont besoin de notre argent! Confions-leur la somme demandée; revenons dans quelques mois et nous verrons un prototype que nous ne reconnaîtrons pas tant il sera changé, tant il sera efficace! C'est le premier écueil!

Ensuite, si le prototype fonctionne, il faut qu'un système quelconque permette de constater la présence de l'effet recherché et il est nécessaire que les données accumulées au fil du temps prouvent que l'effet peut être produit à volonté. L'effet doit en effet être *contrôlable*. Si ces mêmes données démontrent que l'effet est répétable ou mieux, reproductible[1], un grand pas vient d'être franchi dans le développement de la technologie.

Cela semble simple, mais ce ne l'est pas toujours. Un prototype produit souvent plusieurs effets[2]. Il importe donc tout d'abord de disposer d'un système de mesure qui permette d'isoler l'effet recherché, de le distinguer du bruit de fond et de quantifier son intensité, sa force ou son amplitude. En deuxième lieu, il faut pouvoir examiner un ensemble de données accumulées au fil du temps. Malheureusement, cet ensemble n'est parfois pas disponible. Souvent le prototype n'a pas été utilisé assez fréquemment ou assez longtemps (dans les mêmes conditions) pour que toutes les données puissent être considérées comme représentatives et comparables[3]. L'équipe déclarera alors que tout va de mieux en mieux et que les données qui sont fournies aujourd'hui ne donnent qu'un faible aperçu des données qui seront produites demain. Tout cela est probablement vrai et demain, c'est après que le financement réclamé ait été accordé, bien sûr!

Ajoutons, en toute rigueur, que s'il y a tentative de fraude, c'est ici qu'elle pourra le plus facilement être débusquée. Si l'inventeur affirme qu'un prototype existe, mais qu'il ne le montre jamais, s'il permet enfin de le voir, de l'apercevoir plutôt ou, même, de l'*entra-percevoir* mais que, en cette occasion, il ne fonctionne pas et qu'il se trouve exister mille raisons pour lesquelles il ne fonctionnera pas ou ne fonctionnera pas tel qu'il peut fonctionner, tel qu'il doit fonctionner, tel qu'il fonctionne lorsqu'il n'est pas montré, tel qu'il fonctionnera lorsqu'on le montrera à nouveau, alors... alors, il y a lieu de se méfier[4].

Et attention! Voici le plus terrible écueil! Il consiste à se laisser distraire par une surabondance d'effets et à oublier l'objectif premier de la technologie. On devient alors semblable à ce consommateur qui, charmé par les multiples qualités d'un produit, oublie la raison première qui motive sa démarche. N'oublions donc pas que constater *quelque chose* n'est pas toujours constater *l'effet recherché, l'effet promis*!

Cet écueil présente un grand danger, nous venons de le dire. Il serait injuste de ne pas ajouter qu'il présente, pour l'inventeur et pour la société tout entière, une grande qualité. Beaucoup de grandes découvertes ayant été provoquées lorsque l'attention d'un expérimentateur s'est soudain concentrée sur un effet qui apparaissait, de prime abord, comme secondaire, mineur, non pertinent et parfois même parasite.

En résumé: un prototype est souvent le théâtre de plusieurs effets. Il convient tout d'abord, et avant la visite, de définir avec soin l'effet que l'on désire observer. On devrait également convenir de la valeur minimum que devrait prendre cet effet pour être considéré *significatif*. Les données accumulées doivent, quant à elles, démontrer que l'effet est contrôlable et répétable.

Dans la plupart des cas, les données fournies par l'inventeur et son équipe seront d'une excellente qualité et pourront être analysées. Qui maintenant devrait accomplir cette analyse? Qui devrait *authentifier, reconnaître, valider* la présence de l'effet produit par la nouvelle technologie? La réponse est simple. Lorsqu'il existe entre l'évaluateur et l'inventeur un climat de confiance, cette analyse peut être confiée à ce dernier. Elle pourra toutefois être vérifiée par un expert dans le domaine concerné. Quant à savoir ce qu'il convient de faire si un climat de confiance ne s'est pas instauré, nous suggérons, quant à nous, d'interrompre le processus et de tirer certaines choses au clair.

Soulignons que les trois verbes que nous avons utilisés ci-dessus (authentifier, reconnaître, valider) ont ceci de particulier qu'ils ne suggèrent aucune quantification précise de l'intensité ou de la grandeur de l'effet produit. Cette omission est volontaire. Le processus d'évaluation technologique vise avant tout à vérifier l'existence de l'effet. L'intensité de cet effet est, bien sûr, d'une grande importance mais, puisqu'elle ne saurait être évaluée sans considérer les investissements qui ont été nécessaires pour la produire et l'amener à la valeur qu'elle a prise, l'évaluation de son importance ne saurait être séparée de l'évaluation économique. En d'autres mots, on peut parfois tolérer un effet dont l'intensité est faible si les coûts associés à sa production sont faibles également. Tout effet ne pouvant être produit qu'à un certain coût, il faudra, à un moment donné, évaluer le coût futur et la rentabilité potentielle de cette nouvelle technologie. Cette étape de l'évaluation dépasse le pur contexte technologique dans lequel se situe le présent ouvrage.

Avant d'achever cette section nous allons, en examinant trois cas, illustrer combien il est parfois difficile, non pas d'observer, non pas de voir, mais plus subtilement *d'admettre*, de *reconnaître* l'effet d'une technologie. Alors que les deux verbes «observer» et «voir» sont naturellement associés aux sciences et à l'esprit scientifique, les deux derniers: «admettre» et «reconnaître» sont davantage reliés à la psychologie et au comportement humain. Ce choix est volontaire. Les trois cas que nous allons examiner révélant trois véritables syndromes[5].

La difficulté de reconnaître l'effet: des exemples

Syndrome nº 1: «La complexité qui contient l'effet ne peut l'inventer!»

Voici un premier exemple. Alors que nous procédions à l'évaluation d'une technologie qui affirmait réduire la consommation d'essence et l'émission de polluants atmosphériques des véhicules automobiles par utilisation de champs magnétiques, nous eûmes l'occasion de contacter deux laboratoires d'un haut calibre scientifique, d'un professionnalisme et d'une probité indéniables, qui avaient testé (pour l'inventeur et sous sa direction) l'efficacité de la technologie. Ces deux laboratoires nous affirmèrent avoir constaté *quelque chose de significatif* et obtenu des différences entre les moteurs utilisant cette technologie et des moteurs témoins. Lorsque nous leur demandâmes s'ils pouvaient, hors de tout doute, relier leurs mesures à l'utilisation (et *seulement* à l'utilisation) de la technologie sur laquelle portait l'invention, leurs réponses furent plus évasives[6]. Peu de temps après, des experts déclarèrent que l'effet promis ne pouvait être produit par l'utilisation de cette technologie particulière.

Syndrome nº 2: «La simplicité qui prédit l'effet ne peut le fausser!»

Un deuxième exemple. Dans les années 70, la communauté scientifique fut enthousiasmée par la découverte d'une technologie permettant de produire une «eau polymérisée» (*polywater*) dotée de propriétés physiques du plus haut intérêt. La technologie était d'une grande simplicité et d'un faible coût puisqu'il suffisait de faire condenser de la vapeur d'eau à l'intérieur de capillaires très fins, constitués d'un verre riche en silice. Pendant plusieurs mois, des chercheurs de renom mesurèrent, dans des laboratoires très bien équipés, les effets de cette technologie. Chaque fois qu'ils caractérisaient une propriété physique de cette eau polymérisée (la viscosité, par exemple), leur enthousiasme ne faisait que s'accroître. On associait alors naturellement toutes ces mesures à «l'eau polymérisée» et l'on oubliait parfois que l'on n'avait pas encore la preuve irréfutable que cette nouvelle eau était véritablement de l'eau et *de l'eau seulement*, c'est-à-dire que sa formule chimique était bien H_2O. En fait, on ne l'oubliait pas tout à fait mais les capillaires étaient si fins et les quantités produites si infimes que les techniques de chimie analytique disponibles à cette époque ne permettaient pas d'éclaircir ce point. On mesurait donc toujours *quelque chose*, mais on ne validait pas *l'effet principal* de la technologie, à savoir la production d'une eau *pure et polymérisée*. Jusqu'au jour où il fut enfin possible d'effectuer cette analyse. On découvrit alors que l'eau polymérisée n'était qu'un cocktail complexe d'impuretés dans lequel on retrouvait à la fois un gel de silice et… des traces de la transpiration des expérimentateurs.

Syndrome nº 3: «Un contrôle qui révèle l'effet ne peut l'induire!»

Un dernier exemple. Un collègue, docteur en physique, nous déclara un jour qu'il venait de mettre au point une invention qui allait rendre un immense service à l'humanité. Il avait inventé un appareil capable d'activer les centres nerveux du sommeil. Un appareil d'une efficacité absolue! Lorsque nous lui avons demandé d'expliquer comment il vérifiait cette efficacité, il déclara que sa méthode était la simplicité même: lorsqu'il arrêtait d'activer les centres nerveux des rats de laboratoire qui lui servaient de cobayes, ceux-ci, instantanément, cessaient de dormir. Lorsque nous avons insisté pour connaître le *détail* de la procédure qu'il utilisait, il commença par décrire le petit local isolé du monde que lui avait prêté l'université (pour éviter l'influence des stimuli externes). Il poursuivit en précisant que, lorsqu'il entrait dans ce local, il y faisait d'abord la lumière puis abaissait le bras du disjoncteur qui contrôlait le courant alimentant son appareil. Il continua en nous affirmant qu'il avait t*oujours* observé que *tous* les rats qui, jusqu'alors, dormaient du sommeil du juste au cœur des énormes bobines d'induction qui constituaient la partie essentielle de son appareil, eh bien! tous ces petits rats se mettaient soudainement à vaquer, comme si rien, jamais, ne s'était passé, à leurs activités quotidiennes. Lorsque nous avons invoqué la possibilité que, peut-être, il conviendrait de vérifier l'influence de la lumière subitement diffusée, des bruit provoqués par les pas, par l'ouverture des portes, par celle des interrupteurs, par la fermeture du disjoncteur; lorsque nous avons ajouté qu'il faudrait peut-être aussi soupçonner l'influence de quelque humaine phéromone, ce collègue nous répliqua, du tac au tac, que nous avions à la fois raison et tort. Nous avions raison puisque tous les paramètres que nous mentionnions étaient effectivement associés à l'état de veille. Nous avions tort car ils n'étaient pas associés à l'état de sommeil! La passe intellectuelle nous laissa pantois. Un raisonnement à la Zénon d'Élée prouvant que l'éveil ou le réveil n'existent tout simplement pas ne nous aurait pas impressionnés plus fort[7].

Le prototypage virtuel

Alors que le prototypage virtuel (*virtual prototyping*) est de plus en plus utilisé pour concevoir des produits, des pièces, des mécanismes et même certains processus de montage ou d'assemblage, il demeure rare dans le domaine des nouvelles technologies. Sans chercher à analyser en détail la cause profonde de cet état de fait, bornons-nous à constater que puisque la plupart des codes de prototypage et de simulation sont *validés* avec les données extraites des technologies existantes, ils sont mal adaptés à la prédiction des effets qui se produiront avec le nouvel arrangement de causes qui est associé à toute nouvelle technologie.

---

1. Si l'on ne dispose que d'un seul prototype, on parlera alors de «répétabilité». Si l'on dispose de deux prototypes opérés par des équipes différentes, on pourra alors évaluer la «reproductibilité». Nous renvoyons le lecteur curieux au processus d'évaluation de la répétabilité et de la reproductibilité. Un ouvrage de base est: Larry B. Barrentine, *Concepts for R&R studies,* ASQC Quality Press, 1991, ISBN 0-87389-108-2.
2. Il est important de réaliser qu'à cause de la taille du prototype, tous les effets dont il sera le siège ne seront souvent pas dans les mêmes rapports que dans l'installation industrielle à grande échelle. Ainsi, des effets qui apparaissent comme mineurs dans un prototype peuvent se révéler majeurs à grande échelle, et inversement. Un exemple: la prise du ciment contenu dans un béton est due à des réactions exothermiques qui dégagent de la chaleur. Lorsque l'on coule une petite masse de béton, ce dégagement de chaleur se dissipe vite et naturellement. Lorsque l'on coule des masses imposantes (dans un barrage par exemple), il faut utiliser des techniques spéciales pour éviter la surchauffe de la masse.

3. La stabilité d'un procédé ou d'une machine est un critère très important non seulement du point de vue technologique mais également du point de vue financier. Un procédé qui ne peut pas être amené dans un état stationnaire (*stationary state*) ne produira pas toujours les effets escomptés et, par voie de conséquence, son coût sera très élevé. Ce critère a signé la perte de nombreuses technologies (qui, par exemple, ne pouvaient pas fonctionner plus qu'un certain nombre d'heures).
4. Certains *jeux* sont plus subtils. Mentionnons celui que nous pourrions qualifier de «syndrome de la boîte noire» dans lequel on montre bien un effet mais dans lequel on n'autorise pas (en prétextant le maintien d'un secret) l'examinateur à voir ce qui se passe dans la boîte. Combien de «moteurs à eau» ont ainsi connu quelques heures de gloire? Un cas à la fois plus comique et plus didactique est celui des «avions renifleurs» dans lequel une grande entreprise d'un très haut niveau scientifique et technologique, Elf, s'est tout simplement fait «rouler dans la farine». Citons ici quelques lignes de l'analyse qu'a effectuée Christine Kerdellant de cette escroquerie (qui porta sur quelques centaines de millions de francs): «Les techniciens de Elf n'ont accès qu'aux écrans de visualisation: ils ne connaissent même pas la forme des appareils utilisés, et notamment celui qui capte les mystérieux rayonnements; il est toujours placé sous une tente dont il ne faut s'approcher à aucun prix» p. 325 dans: Christine Kerdellant, *Le prix de l'incompétence – Histoire des grandes erreurs de management*, Éditions Denoël, 2000, ISBN 2-207-24842-9.
5. De telles *pathologies* du développement scientifique et technologique sont exposées lorsqu'une fraude est mise à jour. Dans la collection d'ouvrages consacrés à ce sujet se trouve un livre québécois trop peu souvent cité: Serge Larivée, *La science au-dessus de tout soupçon*, Éditions du Méridien, Montréal, 1993, ISBN 2-89415-118-7.
6. Lorsque l'effet recherché est *noyé* dans un ensemble d'effets; lorsque les paramètres (d'opération et de contrôle) sont nombreux; lorsque des interactions sont présentes (entre les paramètres); lorsque les plages de variation de certains paramètres sont grandes, il est nécessaire d'effectuer plusieurs expériences et de suivre un plan rigoureux (c'est-à-dire suivre une méthode statistique de design des plans d'expériences). Dans la plupart des cas, l'inventeur ou l'entreprise opérant le prototype n'ont ni les fonds, ni le temps, ni parfois même la patience et la formation nécessaires pour structurer de tels plans, pour les réaliser puis pour effectuer les calculs nécessaires à leur interprétation). On déduit alors trop vite et à partir d'un groupe trop petit de données.
7. Désormais professeur d'université, cet ex-collègue a élaboré, dans les années 90, une théorie selon laquelle ce sont les «ondes einsteiniennes de douleur» (*Einsteinian Pain Waves, EPW*) émises par tous les animaux qui sont abattus, de par le vaste monde, dans les abattoirs, qui sont à l'origine des tremblements de terre (*BIS effect*). Cette *nouvelle* nous a, en quelque sorte, confirmé le bien-fondé des questions que nous soulevions alors.

Sixième étape

L'analyse des forces et des faiblesses

Affirmons d'emblée qu'il n'est pas *absolument nécessaire* de disposer d'un prototype pour pouvoir effectuer une telle analyse. Si toutefois un prototype a été construit et que son opération a permis à l'inventeur et à son équipe d'acquérir une certaine expérience et d'accumuler un ensemble de données, il est certain que cette analyse sera rendue plus facile et que sa conclusion sera plus crédible.

Rappelons aussi qu'une faiblesse n'est ni un vice, ni une tare, ni surtout un prétexte pour écarter du revers de la main toute possibilité de soutien et de financement à la nouvelle technologie. Une faiblesse doit être considérée comme une faute qu'il importe de corriger, comme une ombre qu'il importe de dissiper, comme une insuffisance qu'il importe de compenser.

Pour qu'elle soit rapide et efficace, l'analyse force-faiblesses portera sur les principaux domaines suivants :

- Les principes scientifiques ;
- La mise en œuvre ;
- La santé et la sécurité ;
- L'environnement ;
- La société ;
- L'opération ;
- L'énergie ;
- L'entretien ;

- Les produits;
- Le cycle de vie.

Note: L'estimation des coûts (coûts de production, par exemple) ne fait pas partie intégrante de l'évaluation technologique.

Reprenons chacun de ces domaines particuliers.

Les principes scientifiques

Ce sujet a déjà été traité. Répétons qu'à ce niveau, le jugement technologique doit être tranché: c'est blanc ou c'est noir; ça passe ou ça casse! Si la science ne confirme pas la possibilité de créer l'effet attendu; si elle ne confirme pas la relation de cause à effet invoquée par l'inventeur, alors il y a lieu de réserver son jugement et d'impliquer des experts du domaine visé.

La mise en œuvre

Lorsque les concepts scientifiques sur lesquels est fondée la technologie sont validés, lorsqu'un premier prototype de laboratoire a permis de constater que les effets prévus pouvaient effectivement être produits puis reproduits, on est encore dans le champ de la science. On n'a pas encore pénétré dans celui de la technologie. Ce passage de la science à la technologie est d'ailleurs plus difficile qu'on ne le croit généralement, car ce ne sont pas tous les faits scientifiques ni tous les effets qui se produisent dans des laboratoires qui peuvent être produits dans des installations beaucoup plus grandes, qui sont le siège de phénomènes secondaires voire parasites, qui sont surveillées et contrôlées moins étroitement et qui sont exploitées par du personnel moins formé aux finesses du laboratoire.

Il faut donc, lorsque l'on évalue l'idée d'une nouvelle technologie, évaluer la possibilité de réifier cette idée. Il faut donc, lorsque l'on évalue un prototype d'une nouvelle technologie, évaluer la possibilité de le construire à plus grande échelle. Il faut donc, lorsque l'on évalue l'usine pilote d'une nouvelle technologie, évaluer la possibilité de passer à de multiples installations à grande échelle.

Nous venons, en quelques lignes, de couvrir, non pas le passage de la science à la technologie, mais l'ensemble des passages allant de la science à l'industrie. Nous traiterons plus à fond ce sujet dans un des chapitres suivants. Pour l'instant, revenons sur le thème de la concrétisation de l'idée.

L'évaluation doit, à ce stade, s'interroger sur les façons de mettre en œuvre les principes scientifiques sur lesquels est fondée la technologie. Elle doit faire apparaître les forces et les faiblesses qui naîtront pendant cette mise en œuvre.

Rappelons que la mise en œuvre passe par l'utilisation de matériaux et d'énergie, la fabrication de machines, la construction de pièces d'équipement, la mise au point de techniques de mesure et de contrôle, etc.

La réalisation de l'une ou l'autre de ces étapes peut se heurter à un problème majeur et ceci, dans bien des secteurs. Donnons-en quelques exemples.

Problème de matériau. Le développement technologique et industriel dépend des propriétés qu'offrent les matériaux disponibles à une époque donnée[1]. Parfois, l'impossibilité de trouver un matériau assez résistant bloque pour longtemps l'émergence d'une technologie. Le meilleur exemple de l'interaction matériaux-technologie est fourni par le développement des réacteurs à fusion nucléaire (de type Tokamak, par exemple). Selon plusieurs experts, la très grande difficulté (pour ne pas dire l'impossibilité) de trouver des matériaux résistants aux conditions extrêmes qui prévalent dans ces réacteurs bloquera encore longtemps le développement de cette technologie.

Problème de fabrication. Après avoir été une idée, une nouvelle technologie devient un ensemble de dessins et de spécifications. Lorsque l'on essaie de réaliser ou d'assembler les pièces qui figurent sur les dessins, bien des problèmes peuvent apparaître. Dans le pire des cas, il est tout simplement impossible de fabriquer la pièce dessinée. Parfois, ce sont les machines qui ne permettent pas des ajustements assez fins (c'est-à-dire qui ne sont pas assez précises); parfois ce sont les matériaux qui ne possèdent pas les propriétés «adéquates»; parfois ce sont les technologies de mesure et de contrôle qui ne sont pas assez performantes[2]. Examinons, en guise d'exemple, le goulot de cette bouteille conçue pour ne pas pouvoir être remplie une seconde fois. Le verre est un matériau disponible, bon marché et qui se prête bien à des formes complexes. Un maître verrier pourrait-il réaliser le goulot de cette bouteille? Et si l'on désirait en produire de grandes quantités, quelle machine conviendrait à l'élaboration d'une forme d'une telle complexité?

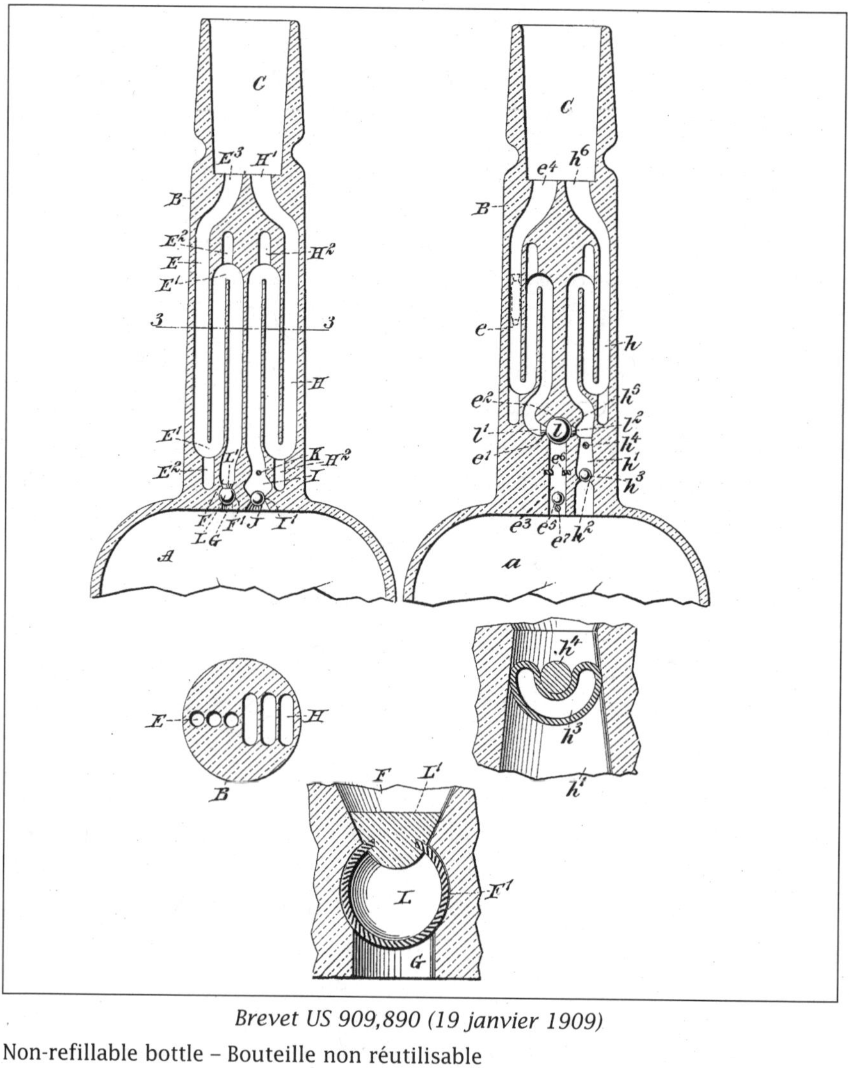

Brevet US 909,890 (19 janvier 1909)

Non-refillable bottle – Bouteille non réutilisable

(L'auteur, quant à lui, affirme que son invention est «simple dans sa construction et à la fois facile et peu chère à fabriquer» (*simple in construction and easy and cheap to manufacture*). Voici un paradoxe intéressant. Une bouteille qui est destinée à n'être utilisée qu'une seule fois sera plus chère (car plus complexe) qu'une bouteille «normale», c'est-à-dire qui pourra être réutilisée à volonté).

Un autre exemple est fourni par le développement du «système de fermeture par crochet et boucle»[3] (système communément associé à la marque Velcro®). Bien que l'ingénieur suisse George de Mestral ait conçu ce système en 1941, il se heurta par la suite à de nombreuses difficultés de fabrication. Ce n'est que dans les années 1960, grâce à l'utilisation d'un matériau thermoplastique (le nylon) et d'un procédé de traitement thermique, qu'il lui fut enfin possible de mettre sur le marché une bande de qualité. Pourtant, quand on considère les schémas ci-dessous, qui illustrent le principe de l'invention, on se dit, *a priori*, qu'elle doit être facile à réaliser. Il en va tout autrement et la cause principale de la dichotomie qui existe entre l'intuition et la réalité trouve son origine dans le fait que le dessin représente un dispositif d'accrochage fortement agrandi. On touche ici à ces effets dits «d'échelle» auxquels nous consacrerons un chapitre.

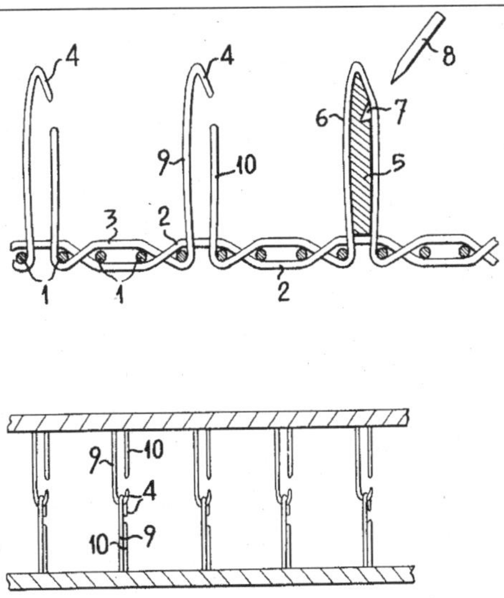

Brevet US 2,717,437 (13 septembre 1955)

«Velvet type fabric and method of producing same»

(Le brevet suisse N° 295638 «Dispositif d'accrochage» avait été publié le 16 mars 1954)

La santé et la sécurité

Voici bien deux paramètres avec lesquels aucun compromis n'est possible. Si la nouvelle technologie est, par certains aspects, non sécuritaire, il faudra absolument en revoir la conception. Soulignons qu'ici, l'évaluation devrait être effectuée par un professionnel doté d'une certaine expérience dans le secteur industriel visé. Une machine, un procédé, un phénomène pouvant être, à la fois potentiellement dangereux et très sécuritaires.

L'environnement

Ici encore, aucun compromis n'est possible! Une technologie qui polluerait l'environnement ne saurait être ni encouragée ni financée. Ajoutons toutefois que tant de procédés sont maintenant disponibles pour traiter les effluents et les rejets industriels qu'il serait exceptionnel que cette préoccupation devienne le talon d'Achille d'une quelconque nouvelle technologie. (Nous continuons à nous situer sur le seul plan technologique car, d'un point de vue financier, il est évident que les coûts engendrés par l'installation et l'opération des systèmes de dépollution devront être considérés.)

La société

Si le fonctionnement ou le dysfonctionnement d'une technologie exercent ou peuvent exercer un impact majeur sur la vie d'une société[4], il est certain que cet impact devra être évalué. S'il est négatif ou perçu par une majorité de citoyens comme étant négatif, la technologie devra tout simplement être abandonnée, quitte à être *reprise*[5] plusieurs années plus tard. L'exemple du nucléaire (après l'accident de Three Mile Island (28 mars 1979) et la catastrophe de Tchernobyl (26 avril 1986)) est ici approprié.

L'opération

Imaginons un instant qu'une recette de cuisine soit si délicate à réaliser que le moindre écart dans la nature des ingrédients qu'elle spécifie ou dans la conduite de la procédure qu'elle définit conduise à la production d'un plat tout à fait immangeable. Il est certain qu'une telle recette ne trouvera pas sa place dans un livre destiné au grand public. Que certains grands chefs s'y essayent, soit! Il en est de même pour les technologies. Une technologie doit être *robuste*. Elle doit supporter des variations, des écarts, des déviations même, à la fois dans l'exécution des procédures et dans la nature des intrants; elle doit être applicable par le personnel sans qu'il soit indispensable à celui-ci d'être doté de talents exceptionnels ou d'avoir suivi une formation de haut niveau. Ajoutons ici que la qualité et la rapidité des systèmes électroniques de mesure et de contrôle permettent l'essor de technologies qui auraient naguère été classées comme non robustes.

L'énergie

Toute technologie consomme de l'énergie. Au niveau le plus élémentaire de l'évaluation technologique, ce n'est pas tant le prix de cette énergie qui compte que sa disponibilité. Si l'énergie, sous la forme requise, est disponible en grande quantité, alors la nouvelle technologie bénéficiera d'un contexte favorable[6]. Ce facteur est d'une telle importance que l'on voit même des technologies jugées obsolètes perdurer (en certains pays) car fondées sur l'utilisation d'une forme d'énergie largement disponible[7].

L'entretien

Tout ce que nous avons dit à propos de l'opération s'applique à l'entretien et à la *maintenance*. Les pannes, les ruptures, les dysfonctionnements, les arrêts non planifiés doivent être rares et leurs conséquences sans impacts majeurs (sur le personnel, l'environnement, etc.). Si de tels événements sont inévitables, des systèmes de détection devront à tout le moins permettre de prédire leur apparition.

Citons ici l'exemple des technologies de traitement de l'eau fondées sur l'utilisation de membranes. L'encrassement de ces membranes (*fouling*) et les opérations de nettoyage nécessaires pour leur redonner une efficacité maximale freinent encore l'application de certaines de ces technologies (bioréacteurs à membranes, par exemple).

Les produits

La plupart des technologies s'expriment par des procédés qui reposent sur l'utilisation de machines destinées à la fabrication de produits. Lorsque les produits fabriqués en utilisant une nouvelle technologie sont nettement *meilleurs* que les produits fabriqués en utilisant les technologies *traditionnelles*, il est certain que la nouvelle technologie bénéficie de conditions gagnantes. L'image qui se dégage d'une analyse fine est souvent plus nuancée. Elle doit être focalisée sur les nouvelles qualités et les nouveaux défauts que fera apparaître, dans ces produits, la nouvelle technologie. Voici deux exemples :

Le premier exemple : la « projection à froid » (*cold spray*). Ce procédé, inventé dans les années 80 par des chercheurs russes, consiste à projeter, sur la surface d'une pièce, des particules métalliques dotées d'une très grande vélocité. Les particules s'agglomèrent et forment un revêtement sur la pièce. Bien qu'il existe de nombreuses technologies de création de revêtements et de couches métalliques, les revêtements fabriqués en utilisant la nouvelle technologie semblent bénéficier de qualités distinctes parmi lesquelles on retrouve une plus faible porosité, une meilleure pureté, un meilleur contrôle des phases, moins de contraintes de tension, etc. Ces qualités justifient les grands efforts qui sont actuellement déployés pour développer cette technologie[8].

Le deuxième exemple : la découpe par jet d'eau (*waterjet cutting*). Lorsque cette technologie est appliquée dans le secteur de l'alimentation, les produits ont une meilleure durée de vie en magasin, ils sont esthétiquement plus beaux, ils sont plus propres, plus purs, etc. En conséquence, une entreprise prévoit qu'il est « inévitable » que cette technologie devienne un « facteur dominant » des industries du secteur alimentaire[9].

Le cycle de vie

Voici à la fois une nouvelle exigence et une nouvelle façon d'envisager les interactions entre les technologies et l'environnement. Penser au cycle de vie d'une technologie, c'est penser au cycle de vie de tous les équipements qu'elle utilise, c'est penser au cycle de vie de toutes les matières qu'elle transforme, de tous les matériaux qu'elle consomme. D'où viennent-ils? Comment ont-ils été fabriqués? Par qui et dans quelles conditions de travail? Que deviendront-ils lorsqu'ils seront démontés et mis aux rebuts? Combien de polluants auront été émis pendant leur fabrication et (dans le meilleur des cas) leur recyclage? Penser en termes de cycle de vie oblige à concevoir en termes de développement durable et de protection de l'environnement. D'ailleurs, «l'évaluation du cycle de vie (ÉVA)» est aussi qualifiée «d'écobilan» (les normes de la série ISO 14040 constituent une référence indispensable en ce domaine).

Donnons ici l'exemple des briques réfractaires contenant de la chromite (un minerai riche en chrome). De telles briques sont très utilisées pour protéger la coquille métallique de fours opérant à haute température (fours de production de ciment, par exemple). Soumises aux conditions extrêmes qui règnent au sein de ces fours, elles se corrodent, s'érodent, se fissurent, se délitent, se fragmentent. Elles s'usent et s'amincissent et disparaissent peu à peu. Il faut alors les remplacer et les mettre aux rebuts. À ce stade de leur vie, elles contiennent parfois des composés de chrome dont la toxicité est bien établie. Il est donc exclu de procéder tout simplement à l'enfouissement de ces matériaux et, sachant cela, il faut, dès l'étape de conception de la technologie, trouver une voie alternative (le remplacement de la chromite par le spinelle, par exemple).

Il importe de nuancer les sections qui précèdent en comprenant, en admettant et en tenant compte du fait que certaines données ne pourront jamais être obtenues ou déduites en effectuant une analyse, somme toute, plutôt *théorique* de la technologie ou en faisant fonctionner un prototype. Ce n'est parfois qu'après avoir, pendant des années et en plusieurs pays, opéré des installations véritablement industrielles que l'on peut enfin prétendre connaître à fond une technologie[10] (et posséder une mesure valable des coûts qui lui sont associés). Malgré cela, répétons que la science est aujourd'hui si puissante, l'expérience industrielle si vaste et les connaissances si étendues que les experts se trompent rarement dans l'identification des points forts et des points faibles d'une nouvelle technologie.

Ce thème de la production à grande échelle nous amène tout naturellement à considérer le prototype sous un nouveau jour. Ce prototype est-il vraiment représentatif de ce qui se passera à grande échelle? Peut-on extrapoler toutes les données acquises en faisant fonctionner ce prototype? C'est le sujet que nous verrons dans un prochain chapitre.

Avant d'aborder ce sujet, consacrons quelques lignes aux documents qui peuvent servir de support à l'analyse des forces et des faiblesses.

---

1. Le grand scientifique que fut John Desmond Bernal (1901-1971) écrivait: «Available materials set a limit to the techniques of any age.» (Les matériaux disponibles fixent les bornes des techniques de chaque époque.)
2. L'histoire du développement du code barres offre un bel exemple de l'importance des technologies de mesure et de contrôle. Bien que le brevet du code barres ait été soumis le 20 octobre 1949, ce n'est que bien des années plus tard que cette technologie a connu le succès. Il a fallu attendre pour cela l'émergence des technologies laser et la diffusion de l'informatique. (Référence: brevet US 2,612,994 publié le 7 octobre 1952, «Classifying apparatus and method»).
3. Bien que le mot «velcro» figure dans les dictionnaires, les conditions qui dictent son utilisation sont très bien expliquées au site de l'entreprise Velcro, à: http://www.velcro.fr
4. Les multiples impacts d'une technologie (ou d'une famille de technologies) sur la société sont désormais souvent analysés. Ce type d'évaluation, qui porte le nom anglais de «*technology assessment*» et celui, français, de «évaluation des choix technologiques»: «*prépare, dans un contexte pré-politique, une aide à la décision pour les législateurs (création, adaptation de lois).*» (Source: TA-SWISS – Centre d'évaluation des choix technologiques. http://ta-swiss.ch). Soulignons que la démarche d'évaluation *technologique* se situe *en amont* de la démarche d'évaluation *(sociale)* des choix technologiques.
5. Un cas très intéressant est celui de la société Japonaise qui, à un moment donné de son histoire, a choisi d'abandonner les technologies de production d'armes à feu. Voir à ce sujet: Noel Perrin, *Giving up the gun. Japan's reversion to the sword, 1543-1879,* Shambhala Publications, 1979, ISBN 0-87773-184-5.
6. Un exemple: dans son communiqué du 14 décembre 2006, Alcan inc. mentionnait qu'une usine pilote dédiée au développement d'une nouvelle technologie de production d'aluminium par voie électrolytique serait implantée au Saguenay (Québec). Dans le même communiqué il était précisé que: «cette stratégie et l'investissement au Québec ont été élaborés avec le soutien du gouvernement du Québec, qui a assuré [...] un bloc d'énergie supplémentaire de 225 MW». (Source: http://www.alcan.com)
7. Un bon exemple est celui de la production, en Chine, de magnésium par le procédé Pidgeon. Le charbon, qui est une forme d'énergie largement disponible en Chine a favorisé le maintien de ce procédé considéré par tous les spécialistes comme peu efficace et très polluant (surtout en ce qui concerne l'émission de gaz à effet de serre).

8. Voir, par exemple, le brevet US 5,302,414 (12 avril 1994) «Gas-dynamic spraying method for applying a coating», et l'article: «Cold spray technology» de Jeganathan Karthikeyan publié dans *Advanced Materials & Processes* (mars 2005).
9. Référence: «Waterjet cutting in the food industry – A white paper», Flow international Corporation, 2001.
10. Le développement technologique passe par trois stades:
    1. Le *stade scientifique*. À ce stade, on démontre que les principes scientifiques sur lesquels est fondée la nouvelle technologie produisent les effets désirés. C'est le stade parfois qualifié de «preuve de concept». Cela peut sembler évident mais ce ne l'est pas. Des interactions complexes peuvent se produire. Un effet peut en inhiber ou en masquer un autre, etc.
    2. Le *stade technologique* proprement dit. À ce stade, on démontre que les effets qui pouvaient être produits à l'échelle du laboratoire peuvent également être produits (et re-produits!) dans un prototype. La notion de prototype est ici essentielle. Dans le meilleur des cas, le prototype est construit grandeur nature. Lorsque cela n'est pas possible, il est à tout le moins construit en utilisant les mêmes matériaux que ceux qui seront utilisés à l'échelle industrielle. Il est contrôlé en utilisant les mêmes types de senseurs et de logiciels; il est alimenté en produits de pureté «commerciale», etc.
    3. Le *stade industriel*. À ce stade, la technologie entre dans la phase de production industrielle et de commercialisation: de nombreuses installations voient le jour; des améliorations sont apportées; des calculs de retour sur l'investissement sont effectués; la durée de vie maximale des équipements peut être évaluée; la qualité des produits est suivie sur une longue période; l'adaptabilité aux variations de demandes du marché est testée.

    Les blocages peuvent survenir à l'intérieur de chaque stade et entre les stades. Le blocage le plus fréquent survient au stade technologique et souvent, non pas parce qu'un prototype ne donne pas les résultats désirés, mais plus simplement parce qu'un prototype *crédible* n'a jamais été (ou pu être) réalisé.

Septième étape

L'analyse des documents

Au chapitre précédent, nous avons défini les principaux thèmes de l'analyse technologique des forces et des faiblesses. Nous avons déterminé ce qu'il faut examiner. Nous n'avons par contre rien dit sur la manière et la façon d'examiner. Nous avons détaillé le «quoi»; nous n'avons pas abordé le «comment». C'est à ce dernier point que nous allons consacrer le présent chapitre.

Les principes de base

Partons de deux principes. *Le premier principe* veut que, lorsque l'on désire tailler, soigner, transplanter un arbre, il est bon de commencer par en faire le tour pour bien le regarder. «Nemawashi» disent les Japonais qui ont intégré cette pratique à leur style de gestion: «tourner autour de la racine». D'aucuns traduisent ce terme par «cerclage». Il nous semble, à nous, qu'il serait préférable de reprendre la belle expression «tourner autour du pot». Il faut en effet simplement faire le tour de la technologie. Il n'y a pas de progrès linéaire dans cette démarche. On ne passe pas par une progression de difficulté dans les questions. La démarche doit être résolument holiste.

Le second principe veut qu'il soit toujours plus facile d'interroger une personne lorsqu'on le fait de façon indirecte. Alain avait déjà observé cela: «Les interlocuteurs sont souvent plus à l'aise s'ils regardent ensemble les mêmes choses tout en devisant.» (*Propos*, novembre 1933). Interroger des personnes en les regardant *droit dans les yeux*; interroger en essayant de sonder les reins et les cœurs; interroger pour *vouloir savoir* ou, pire, pour *prétendre découvrir* la vérité est une entreprise périlleuse qui met souvent les gens sur la défensive. Il est bien préférable d'interroger des plans, des cahiers, des données et d'effectuer cela à deux. On ne pose ainsi que les questions qui se posent d'elles-mêmes en quelque sorte. Les échanges sont rendus plus faciles, plus sincères aussi. Il est facile d'oublier ou de mentir quand on ne fait que parler; cela est plus difficile lorsque la chose est là, sous nos yeux.

Voyons maintenant quels sont les éléments tangibles dont l'examen facilite l'analyse des forces et des faiblesses.

Excluons tout d'abord l'observation du prototype et de son fonctionnement. Il est rarement possible à l'évaluateur d'une technologie de voir le prototype fonctionner assez longtemps pour que cette approche soit d'une réelle utilité. Écartons aussi l'examen des brevets (et demandes de brevets) que nous avons abordé dans un chapitre précédent.

Les documents essentiels

Les seules choses qui sont utiles sont les documents associés au prototype[1]. Ces documents peuvent être, par exemple:

- Des plans et des dessins;
- Des cahiers de calculs d'ingénierie;
- Des simulations informatiques;
- Des fiches signalétiques de produits (utilisés comme intrants);
- Des procédures d'opération et d'entretien;
- Des fichiers de données de fonctionnement;
- Des statistiques de pannes et de dysfonctionnements;
- Des fichiers de données de contrôle de la qualité (des extrants);
- Des cahiers de laboratoire;
- Des algorithmes de contrôle et des arbres décisionnels;
- Des programmes informatiques;
- Des présentations, des publications;
- Des photographies, des vidéos;
- Des échantillons de produits;

– Des analyses de certaines caractéristiques des produits (fabriqués avec la nouvelle technologie). Ces analyses étant, d'une façon générale, gérées par un plan de contrôle de la qualité.

Précisons qu'il n'est ici nul besoin de disposer de documents exhaustifs et d'une qualité comparable, par exemple avec celle qui serait requise pour obtenir une accréditation ISO. Un dessin industriel peut n'être qu'un simple schéma dessiné à main levé sur un bout de nappe de restaurant. Une procédure d'opération peut n'être que quelques instructions lapidaires griffonnées à la hâte sur une feuille de papier. Tout dépend essentiellement de la culture propre au secteur industriel dans lequel se situent l'inventeur et l'invention. Il y a fort à parier que l'inventeur d'une nouvelle technologie de purification des protéines aura documenté son invention différemment de celui qui aura inventé une nouvelle technologie de nettoyage d'objets métalliques par projection de particules abrasives. (Nous voici ramenés à ce paramètre de culture que nous avons évoqué au début de cet ouvrage.)

N'oublions pas qu'il ne s'agit pas seulement de s'assurer de l'existence de tels documents. Il s'agit d'utiliser ces documents comme support d'analyse technologique. Même chose pour les échantillons dont nous venons de parler. Inutile de s'extasier sur le contenu d'une fiole ou d'un sachet. Si des échantillons sont mis à la disponibilité de l'évaluateur, celui-ci devrait les faire analyser par un laboratoire indépendant.

Le processus semble lourd et long. Il ne l'est pas! Car il ne s'agit pas de tout examiner, de tout comprendre. Il importe de survoler et d'essayer de capter l'essentiel. Il ne s'agit que de trouver les détails qui *semblent* boiteux, les zones qui *semblent* mériter d'être mieux explorées, les manques qui *semblent* devoir être compensés. Cette démarche (comme l'ensemble de la démarche d'ailleurs) a pour objectif de rassurer, de mettre en confiance, de démontrer aux investisseurs que les risques qu'ils vont prendre sont de l'ordre de ceux qu'ils acceptent de supporter. L'inventeur et son équipe doivent accompagner, guider, orienter l'évaluateur dans son travail. Ils doivent accepter de vulgariser, d'expliquer, de répéter, de reprendre, de préciser. De l'autre côté, il va sans dire que l'évaluateur doit supposer *a priori* que la technologie est bonne et que l'inventeur est compétent.

Prenons un exemple pour lequel nous ferons office d'évaluateur.

La documentation qui servira à notre examen sera un brevet (les raisons pour lesquelles nous ne pouvons présenter les documents d'une entreprise existante étant évidentes). Ce brevet a été publié le 17 janvier 2006. Il porte sur une méthode de récupération des métaux précieux contenus dans les circuits imprimés mis aux rebuts (US, 6,986,192 «Method for reclamation of precious metals from circuit board scrap»). Les six pages de figures que contient ce brevet montrent des schémas de circuits électriques que nos compétences ne nous permettent pas de valider. Nous passons donc rapidement sur ceux-ci pour lire «en diagonale» les trois pages de texte qui expliquent l'invention. (L'examen de ces schémas électriques serait, dans un véritable processus d'évaluation, confié à un spécialiste en circuits électriques.)

La technologie est plutôt simple. On «pèle» (*peeling*) les circuits de leurs métaux; on place les copeaux (*shavings*) dans un récipient (*beaker*) contenant une solution acide; on soumet ce récipient à l'influence d'un champ électromagnétique et on récupère les métaux précieux.

Voici un procédé qui semble «couler de source»; rien de bien sorcier! Une phrase pourtant retient notre attention: «À ce moment *(du procédé)* le métal restant, dans ce cas l'or en paillette, va flotter à la surface du bécher *(le récipient)* et pourra être écumé.» («At this point the remaining metal, in this case gold, flake will float to the surface of the beaker and can be skimmed off.» P. 6, 26-28). Dans cette phrase un mot, un verbe nous surprend: flotter (*float*). Il nous surprend si fort que nous voici le cherchant dans d'autres passages... où nous le trouvons!

Cette *déclaration* de l'inventeur nous plonge dans la perplexité. Depuis quand l'or flotte-t-il (sur des solutions riches en eau)? Le chercheur d'or ne trouve-t-il pas les paillettes ou les pépites au fond de sa battée? L'or est un métal lourd, très lourd même. Sa densité est de 19,3. Et pourtant, ici, il flotte! Est-ce sous l'effet du champ électromagnétique? En 2003, des chercheurs de l'Université de Nottingham ont annoncé avoir réussi à faire flotter des pièces d'or à l'aide de champs magnétiques, mais ils n'ont réussi cet exploit que dans un milieu doté d'une haute densité: l'oxygène liquide. Ajoutons que, lorsque l'on utilise des champs magnétiques pour soulever un objet, on utilise le terme «lévitation» alors que le brevet n'utilise que le verbe «flotter» et l'adverbe «flottant». Dans un autre ordre d'idées, nous savons aussi qu'il existe, dans l'industrie minière, un procédé appelé «flottation» qui permet de récupérer, à la surface d'un bain liquide, une mousse contenant des particules lourdes. Un tel phénomène est-il impliqué dans cette invention? Perplexes, nous retournons au brevet. Dans la dernière partie, l'inventeur décrit une expérience mais sa description n'est guère convaincante. Peu de précisions, nulle mention de la masse initiale ni de la masse d'or récupérée...

Sans que nous puissions l'éviter, l'ombre d'un doute se glisse dans notre esprit[2]. Nous voici donc lisant puis relisant avec attention. Tiens! Une autre surprise! L'inventeur parle de molécules «cisaillées» (*sheared molecules*) et d'acide «cisaillant» (*shearing acid*). Voici des expressions qui, selon notre expérience de la chimie, sont peu utilisées. Tout mécanicien est familier avec les contraintes de cisaillement (*shearing stress*) et il est possible de créer, dans des systèmes hydrodynamiques, de telles contraintes mais cela ne semble pas être le cas ici. D'où vient donc ce cisaillement?

Le doute s'incruste; le doute s'étend. Les questions surgissent. Pourrions-nous assister à une expérience? Pourrions-nous, nous-mêmes, récupérer l'or qui flotte? Serions-nous autorisés à en faire l'analyse?[3] Qui est cet inventeur? Quelle est sa formation? Quelle est son expérience? Quelles sont ses compétences?...

En tout et pour tout, l'examen que nous venons de décrire n'a pris qu'une dizaine de minutes. Pas assez pour tout comprendre ni surtout pour prétendre tout comprendre, mais assez pour poser les questions nécessaires à l'établissement d'un climat de confiance.

Terminons ce chapitre en mentionnant LA méthode d'analyse et LE document qui sont, à notre avis, les plus utiles pour effectuer et documenter l'analyse des forces et des faiblesses de la technologie.

Cette méthode et son formulaire sont appelés AMDEC (Analyse des modes de défaillance, de leurs effets et de leur criticité; en anglais: FMEA *failure mode and effects analysis*[4], ou encore FMECA: *Failure mode effects and criticality analysis*). Cette méthode permet d'identifier:

- tous les modes de défaillance (potentielle) d'un procédé;
- tous les effets de chaque mode de défaillance et de quantifier la sévérité de ces effets;
- toutes les causes qui provoquent l'apparition de ces effets et de quantifier les probabilités d'apparition de ces causes;
- les systèmes de contrôle qui permettent de détecter l'apparition des effets; elle permet aussi de quantifier l'efficacité de ces systèmes.

Un système de pointage permet de définir un facteur de risque associé à chaque combinaison effet-cause-détection. On peut alors identifier les faiblesses qu'il convient d'atténuer et mettre sur pied les projets pertinents[5].

Selon notre expérience, peu d'inventeurs indépendants[6] connaissent cette méthode d'analyse; encore moins l'utilisent régulièrement. Toutefois, si on leur demande de l'appliquer, la plupart d'entre eux se prêtent volontiers à l'exercice.

---

1. Tout document qui n'est pas directement associé au prototype est beaucoup plus difficile à évaluer. Ce document pourrait faire état, par exemple, de calculs thermodynamiques, cinétiques, mécaniques, etc. Ce document pourrait aussi présenter une nouvelle théorie (et, dans ce cas, attention!). Le cas le plus extrême est celui où le document ne présente qu'une vision (pour ne pas dire un rêve). Inconcevable? Voyez plutôt! Il nous fut un jour donné de rencontrer l'inventeur d'une nouvelle technologie d'optimisation des procédés industriels. À défaut de pouvoir analyser des données concrètes (obtenues en usine), notre petit groupe lui demanda de présenter au moins un document illustrant les bases statistiques de sa méthode. C'est alors qu'il sortit d'un cartable, avec d'infinies précautions et après s'être assuré que l'entente de confidentialité couvrait ce... dévoilement, quelques gouaches, quelques pochades qui contenaient, selon lui, la quintessence de son invention!

   Il existe deux autres types de documents qui méritent d'être examinés avec soin mais non sans précautions. Il s'agit des:

   - demandes de subventions gouvernementales;
   - demandes de crédits d'impôts (à la recherche et au développement; RSDE dans le système canadien).

2. Au début de cet ouvrage, nous avons traité de sensibilisation culturelle. Il convient ici d'en donner un exemple, ne serait-ce que par souci d'honnêteté. Personnellement, nous avons toujours été surpris par le grand nombre d'inventeurs qui cherchent à exploiter des rebuts, à les transformer en produits à forte valeur ajoutée ou à en extraire des produits à forte valeur ajoutée. D'un point de vue scientifique, la chose est possible. D'ailleurs, on ne fait pas autre chose quand on extrait un métal d'un minerai ou quand on recycle de la poudrette de pneus usagés. La propension est toutefois si répandue que nous nous sommes demandés si elle n'était pas activée par un rêve profondément ancré dans l'esprit humain. N'est-ce pas sur cette piste que nous mettait ce grand explorateur de l'âme humaine que fut C.G. Jung lorsqu'il écrivit: «Signalons encore qu'il existe entre excrément et or une relation intime. L'extrêmement futile se joint à l'extrêmement précieux.» (*Métamorphoses de l'âme et ses symboles*)

   Exercice. Dans la demande de brevet US 2006/0211571 publiée le 21 septembre 2006 et intitulée: «High temperature CO_2 capture using engineered eggshells: a route to carbon management» deux chercheurs d'une université américaine proposent d'utiliser les coquilles d'œufs pour capter une certaine proportion du principal gaz à effet de serre, le CO_2, émis par les industries. Les données présentées dans le brevet témoignent d'un travail scientifique admirable et d'une rigueur sans faille. Ceci étant dit et admis, ne croyons-nous pas que le symbole de l'œuf, image de vie, et celui de la coquille, image de vie invisible et issante (pour reprendre le langage de l'héraldique) contribuent à nous faire croire à la validité de cette nouvelle technologie? Récupérer un rebut à l'aide d'un autre rebut! «Le vice appuyé sur le bras du crime» pour mieux gérer les pollutions et les perversions de nos sociétés. Les images sont séduisantes; la technologie aussi. Quant à leur valeur réelle et industrielle, qu'en pensez-vous?

3. Nous sommes ici influencés par la connaissance de fraudes au nombre desquelles il faut citer cette «Affaire Lemoine» dont a parlé nul autre que Marcel Proust. Un inventeur français, Henri Lemoine, affirma, en 1905, avoir découvert une méthode de production de diamants. Il présenta des cristaux qui se révélèrent être de vrais diamants mais qu'une analyse plus poussée découvrit être d'origine naturelle (c'est-à-dire provenant d'une mine et non pas synthétisés). Henri Lemoine avait réussi à monnayer sa découverte; il fut condamné pour fraude le 6 juillet 1909. Avant lui, bien des alchimistes avaient ainsi dupé leurs mécènes!...

4. Un manuel de base est *Potential failure mode and effects analysis (FMEA), Reference Manual*, Chrysler Corp., Ford Motor Co, General Motors Corp., 1re édition 1993 (distribué par AIAG).

5. Un AMDEC ne saurait être complété par une seule personne puisqu'il doit synthétiser toute la connaissance et toute l'expérience acquise avec un appareil, un prototype, un procédé ou une technologie. La participation des opérateurs et du personnel d'entretien est aussi importante que celle des ingénieurs et de l'inventeur.

6. Il n'en va pas de même dans la grande industrie et dans les multinationales qui ont souvent intégré cette démarche à leur système d'assurance de la qualité.

Huitième étape

L'évaluation de la mise à l'échelle

Après avoir examiné un prototype et après avoir constaté l'existence des effets prévus, il convient de poser la question suivante: quelle sera la taille de *l'objet* réel, industriel, commercial qui devra être construit pour faire accepter et rentabiliser la nouvelle technologie (cet *objet* pouvant être un équipement, une unité de traitement, une ligne de production, une machine, etc.)?

Si l'on avait prototypé un produit, la réponse semblerait triviale. Souvent même, elle ne se serait tout simplement pas posée. Le prototype d'un produit étant très souvent exactement de la même taille que le produit qui serait commercialisé. (Les dictionnaires ici sont de bons témoins de notre perception, eux qui déclarent, d'un commun accord, qu'un prototype est un «premier exemplaire».)

Quand on a prototypé une technologie, la réponse est moins évidente. Les fonds disponibles ont souvent incité les inventeurs à bâtir leurs installations, leurs machines, leurs appareils, 10 fois, 100 fois, 1000 fois plus petits que ce qu'ils envisagent à grande échelle, que ce qu'ils savent devoir être envisagé pour rentabiliser leur invention. Pourtant, les inventeurs ont fait de leur mieux pour essayer de construire un prototype «industriel». Ils sont souvent passés d'un très petit prototype de laboratoire (qui leur a servi à établir la «preuve de concept») à des prototypes de plus en plus grands, de plus en plus sophistiqués, de plus en plus proches de «la réalité», mais ils n'ont pas réussi à fabriquer ce que l'on aurait pu appeler un «vrai prototype», c'est-à-dire un prototype qui aurait été exactement de la même taille que la première installation industrielle qui pourrait être bâtie pour exploiter de façon commerciale[1] la nouvelle technologie.

La question est donc simple : si l'on dispose des capitaux et des ressources nécessaires, sera-t-il possible de bâtir « à l'échelle industrielle » l'installation, la machine, la ligne de production, envisagées ? Pourra-t-on « mettre à l'échelle » ?

Une logique simple et simpliste nous incite à penser que, *a priori*, il n'y a là aucun problème particulier, que ce n'est qu'une question d'argent et que si l'on était infiniment riche, on pourrait faire des choses infiniment grandes et grandioses !

Le facteur d'échelle

Hélas ! cela n'est pas vrai. Pire, cela est faux ! Pourquoi ? Tout simplement parce qu'il existe des effets et des combinaisons d'effets qui sont dépendants de ce que l'on appelle « le facteur d'échelle ». Il est des effets qui ne peuvent se produire qu'à petite échelle et qui n'apparaîtront jamais à grande échelle, et inversement. Il est des choses, des pièces, des assemblages qui ne peuvent être construits qu'à petite ou à grande échelle. Il existe des effets dont l'intensité ou la fréquence est directement reliée à l'échelle des *choses* à l'intérieur desquelles ils se produisent[2]. Donnons de tout cela deux exemples.

Premier exemple. Considérons le cas de la tour de Babel. Imaginons que l'équipe d'architectes ait construit un prototype de la tour. Imaginons encore que ce prototype ait été de forme cylindrique et ait culminé à, mettons, vingt mètres. Continuons en supposant qu'il ait été, aux yeux de tous, si superbe par sa stature, si simple par sa forme, si prometteur par sa solidité et par sa facilité de construction, que l'équipe se soit vue confier les ressources nécessaires à l'érection d'une tour « aussi haute que le ciel ». Achevons notre histoire en imaginant ce qui n'aurait pu manquer de se passer lorsque la tour aurait atteint une hauteur considérable. Les briques de la base, ces briques d'argile renforcées de paille puis séchées au soleil, ces briques qui auraient supporté le poids entier de l'édifice, ces briques se seraient fissurées puis désintégrées sous l'effet de l'immense contrainte de compression à laquelle elles auraient été soumises. Voici un effet qui n'aurait pu être prévu par la simple construction et la simple observation du prototype.

Deuxième exemple. En 1957, un film intitulé: *The incredible shrinking man* connut un très grand succès. Il relatait une histoire fantastique, celle d'un homme qui, après avoir été exposé à un nuage contaminant, voyait progressivement sa taille diminuer. Vers la fin du film, il était rendu plus petit qu'une araignée et continuait à *rétrécir*. La plupart des personnes ayant vu le film se plaisaient à imaginer ce qu'il adviendrait de cet homme lorsqu'il serait plus petit qu'une goutte d'eau, puis plus petit qu'une molécule. *A priori*, il était facile d'imaginer la suite de l'histoire. Le *prototype* que constituait l'homme minuscule que l'on avait vu à la fin du film semblait pouvoir être amené à une plus petite échelle encore. La science nous apprend pourtant que cela est impossible et qu'il existe une taille ultime en dessous de laquelle une créature comme un homme ne saurait exister. En effet, l'homme est un homéotherme, c'est-à-dire il possède une température corporelle constante; il doit aussi maintenir cette température constante. Or, lorsque la taille devient très petite, la surface (ici, celle du corps) prend une importance démesurée par rapport au volume. Les pertes énergétiques ne peuvent plus être compensées. Ce phénomène est traduit par une loi scientifique que l'on appelle la «loi carré-cube». C'est cette loi qui explique pourquoi il n'existe pas de très petits mammifères[3], pourquoi l'hermine et «dame belette au long corsage» (La Fontaine) sont si carnassières, pourquoi la masse osseuse de l'éléphant est proportionnellement plus importante que celle de la souris, pourquoi les gouttes d'eau sont sphériques et pourquoi il est avantageux de construire des pétroliers si gros.

L'existence de ces «facteurs d'échelle» rend l'extrapolation difficile. Il faut ici se méfier du premier réflexe. Imaginons par exemple, que nous ayons inventé le bouton à cinq trous et que nous soyons dans la situation suivante:

- Nous demandons à une société de capital de risque 1 000 $ pour nous aider à franchir la première étape de commercialisation de notre nouveau bouton.

- Ce 1000$ nous servira à produire 1000 exemplaires de ce bouton.
- En fait, ce prêt ne fera que défrayer le coût de la matière première (1 $/bouton) mais puisque nous les fabriquerons nous-mêmes avec des dépenses minimes, il nous apparaît inutile de demander plus d'argent.

Imaginons maintenant que, lors de la rencontre avec le représentant de la société de capital de risque, celui-ci nous déclare que ses conseillers ont été très impressionnés par le marché potentiel de notre invention, mais que leurs sources d'information leur suggèrent de produire des boutons «deux fois plus grands» que ceux que nous avons présentés comme prototypes (et qui avaient un diamètre de 1 cm). Il nous demande en conséquence d'ajuster *immédiatement* la somme demandée. Ouf! Voici une demande facile à satisfaire! Si ce n'est que cela!... Nous sommes à la fois si heureux et si impatients de clore la transaction que nous lançons le chiffre de 2000$. *A priori* cela nous semble mathématiquement correct, le bouton demandé étant deux fois plus grand que le bouton que nous avions prévu initialement de réaliser. Nous avons donné notre réponse, nous avons donné notre parole, nous avons empoché le chèque et... nous avons trop tard réalisé que nous venions de nous mettre dans un fameux pétrin!

En effet, nous avons tout d'abord oublié que notre design met en relation le diamètre du bouton et son épaisseur. Le bouton que nous avons conçu doit avoir une épaisseur égale au dixième de son diamètre. Ensuite, nous avons oublié qu'un bouton deux fois plus «large» (en diamètre) n'est pas 2 fois plus «gros» (en volume). Nous voici donc revenus devant notre table de travail pour calculer le volume et le coût du bouton demandé. Et voici le résultat: le bouton demandé coûte, non pas *deux fois* mais *huit fois* plus que le bouton prévu! Imaginons ce qui serait arrivé si nous avions demandé le financement requis pour produire un million de boutons!

	Bouton prévu	Bouton demandé
Diamètre (cm)	1	2
Épaisseur (cm)	0,1	0,2
Surface (cm²)*	0,7854	3,1416
Volume (cm³)*	0,07854	0,62832
Coût unitaire ($)	1	8
Coût du lot de 1000 ($)	1000	8000

* On considère comme négligeables l'aire et le volume des cinq trous.

Au fait, si vous pensiez qu'il était, de nos jours, impossible d'inventer le bouton à cinq trous, regardez le document ci-dessous.

US00D474997S

(12) **United States Design Patent**
Berzack

(10) **Patent No.:** **US D474,997 S**
(45) **Date of Patent:** ** **May 27, 2003**

(54) **FIVE-HOLE BUTTON**

(76) Inventor: **Harry L. Berzack**, 2319 Fernbank Dr., Charlotte, NC (US) 28226

(**) Term: **14 Years**

(21) Appl. No.: **29/145,984**

(22) Filed: **Aug. 1, 2001**

(51) **LOC (7) Cl.** **02-07**
(52) **U.S. Cl.** **D11/222**
(58) **Field of Search** 112/475.15; D11/222–228; 24/90, 90.1, 90.5, 92, 94, 103, 623, 625, 114.9

(56) **References Cited**

U.S. PATENT DOCUMENTS

310,361 A * 1/1885 Berman 24/114.9
615,336 A * 12/1898 Adams 24/623
5,273,552 A * 12/1993 Pozzoli 24/90.1
D377,919 S * 2/1997 Singer et al. D11/222
6,393,669 B1 * 5/2002 Kalinowski 24/90.1

* cited by examiner

Primary Examiner—Louis S. Zarfas
Assistant Examiner—Gregory Andoll
(74) *Attorney, Agent, or Firm*—Adams, Schwartz & Evans, P.A.

(57) **CLAIM**

I claim the ornamental design for a five-hole button, as shown.

DESCRIPTION

FIG. **1** is a top perspective view of a five-hole button according to the present design;
FIG. **2** is a top view thereof;
FIG. **3** is a side view thereof;
FIG. **4** is a bottom perspective view thereof; and,
FIG. **5** is a bottom view thereof.

1 Claim, 1 Drawing Sheet

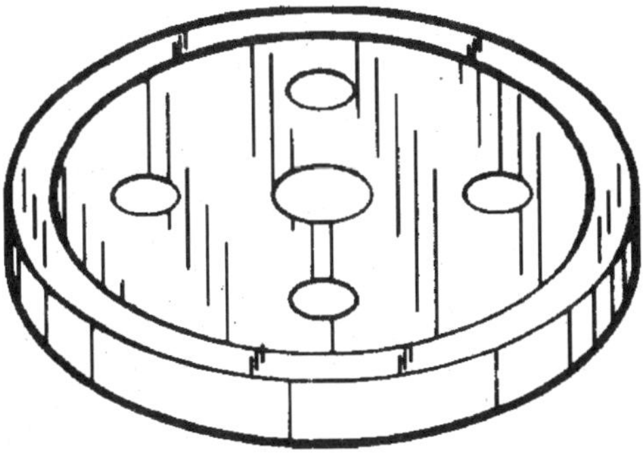

US D474,997 (27 mai 2003)

Five-hole button – Bouton à cinq trous

Les problèmes liés aux effets d'échelle

Les effets d'échelle[4] sont à l'origine des problèmes les plus complexes que feront émerger la construction et l'utilisation d'installations de plus en plus grandes. Ils ne sauraient donc être sous-estimés[5]. Il existe toutefois des problèmes qui sont beaucoup moins complexes sur le plan scientifique mais qui peuvent se révéler littéralement insurmontables. Souvent, ces problèmes sont liés aux matériaux et les trois problèmes les plus fréquents sont reliés à:

- La disponibilité d'un matériau;
- L'approvisionnement en matériau;
- La fluctuation du prix d'un matériau.

Donnons ici quelques exemples.

Disponibilité. Un collègue chercheur nous annonça un jour qu'il venait de trouver un moyen de mettre une technique de laboratoire à la portée de la grande industrie. Il suffisait d'utiliser un métal noble: l'iridium, pour fabriquer un certain réservoir soumis à l'action de solutions très corrosives. Enthousiasmés par sa découverte et désireux d'obtenir un estimé du coût de tels réservoirs, nous avons téléphoné à une entreprise produisant des objets en iridium. Notre appel fut bien reçu; très bien reçu même. Une secrétaire nous passa un agent commercial, qui nous passa un directeur technique, qui nous introduisit à un vice-président, qui nous fit parler au président. Lorsque nous lui avons demandé la raison d'une telle *considération*, il nous expliqua que les masses impliquées par notre commande potentielle constitueraient une fraction significative de la production mondiale[6]!

L'évaluateur d'une nouvelle technologie doit toujours vérifier que les inventeurs ont considéré la disponibilité des matériaux qu'ils envisagent d'utiliser à grande échelle. Si un inventeur désire, par exemple, utiliser certaines qualités du diamant (comme sa dureté ou sa conductivité thermique) pour réaliser des pièces de grande taille (ou des millions de petites pièces) il est certain qu'il sera confronté à ce problème[7]. Autre exemple : à cause de la relative rareté du tungstène, les fabricants d'avions et les fabricants d'armement se sont tournés vers l'uranium appauvri malgré tous les problèmes causés par la pyrophoricité de celui-ci.

Approvisionnement. Une entreprise qui avait mis au point une nouvelle technologie fondée sur l'utilisation d'un matériau pulvérulent eut la surprise de se faire déclarer par ses fournisseurs potentiels que, si ses prévisions de ventes se réalisaient, sa consommation dépasserait, et de loin, et pour longtemps, la production mondiale de ce matériau. Elle se fit dire également que puisque les usages actuels de ce matériau étaient à plus forte valeur ajoutée que celui qu'elle prévoyait, il lui faudrait être très convaincante pour inciter les producteurs à accroître leurs capacités de production et à *embarquer* dans ce nouveau marché.

On considère souvent la production de matériaux comme un acquis, comme une sorte d'intendance qui *suivra* toujours, comme se plaisait si bien à le dire le Général de Gaulle. Ce n'est pas le cas. Certains métaux, certains minéraux, certains gaz sont très rares (qu'en sera-t-il, dans quelques années, de ce liquide naturel appelé « pétrole » ?). Parfois aussi, ce sont des considérations d'ordre technologique, économique, géopolitique, stratégique, voire militaire, qui limitent la disponibilité de certains matériaux. Qui oserait désormais écrire, comme le faisait Pascal : « L'imagination [...] se lassera plutôt de concevoir que la nature de fournir. » (*Pensées*)

Fluctuation du prix. Une entreprise, qui venait de développer un nouveau catalyseur contenant un métal très rare, le ruthénium, fut littéralement *horrifiée* de constater que le prix de ce métal variait de façon très rapide, très importante et imprévisible. Incapable de définir un mode de gestion de ces fluctuations, l'entreprise demanda à son centre de recherche d'essayer de remplacer le ruthénium par un autre métal[8].

L'intégration verticale des technologies

Comme le suggèrent plus ou moins directement certains des exemples donnés ci-dessus, les entreprises qui développent de nouvelles technologies sont parfois obligées de s'intégrer verticalement. C'est-à-dire qu'elles doivent elles-mêmes produire des matériaux, des matières, des instruments, des pièces d'équipement, voire des machines ou encore des programmes informatiques, dont elles ont besoin. Souvent, ces entreprises considèrent plusieurs maillons de cette intégration verticale comme étant *superficiels*, sans grande originalité et, somme toute, bien éloignés du cœur de leur innovation; un *mal nécessaire* en quelque sorte. Dans la même foulée, elles ont souvent tendance à considérer qu'il leur sera facile, dans le futur et la demande aidant, de se procurer sur le marché ce qu'elles doivent aujourd'hui produire elles-mêmes. Ce ne sera pas, hélas, toujours le cas. En conséquence, tout en restant focalisé sur l'innovation de base, le processus d'évaluation technologique doit aussi éclairer chacun des degrés de l'intégration verticale et évaluer la solidité de chaque maillon de la nouvelle technologie. Une technologie est comme un corps: le cœur est important, mais il n'est pas tout et on peut mourir avec un cœur en bonne condition! Parfois, à la grande surprise des inventeurs, le maillon le plus faible ne sera pas là où ils le pensaient.

---

1. Souvent d'ailleurs, on ne passera à ce stade qu'après avoir construit une «usine pilote» qui sera elle-même plus petite que les usines futures.
2. Voilà pourquoi nous avons à la fois insisté sur l'importance de constater que le prototype était bien le siège des effets prédits et relativisé tout l'aspect de quantification de ces effets.
3. L'un des plus petits mammifères (sinon le plus petit) est une variété de musaraigne: le pachyure étrusque (*Suncus etruscus*) qui ne pèse qu'environ 2 grammes et qui, pour survivre, doit manger deux fois son poids chaque jour!
4. Les deux ouvrages suivants donnent de nombreux exemples de l'influence des facteurs d'échelle:
   - Knut Schmidt-Nielsen, *Scaling: Why Is Animal Size so Important?,* Cambridge University Press, 1984, ISBN 0-521-31987-0.
   - Thomas A. McMahon et John Tyler Bonner, *On Size and Life,* Scientific American Books, Inc., 1983, ISBN 0-7167-5000-7.

5. Il est important de mentionner que la mise à l'échelle ne fait pas que créer des problèmes. Elle permet aussi d'en résoudre quelques-uns de façon pourrait-on dire *naturelle*. C'est ainsi qu'il est plus facile d'entretenir un gros tas de braises qu'un petit et que le poète Bussy-Rabutin qui écrivit: *«L'absence est à l'amour ce qu'est au feu le vent; il éteint le petit, il allume le grand»*, était un fin observateur. À l'inverse et en allant du grand vers le petit, mentionnons l'existence d'effets quantiques qui ne sont significatifs qu'à très petite échelle. Inutile donc d'essayer de prototyper la performance de nanotubes avec des tuyaux d'égout!
6. La production mondiale d'iridium n'est pas publiée mais, en 2004, on estimait la demande mondiale à environ 3,6 tonnes. Au 29 décembre 2006, le prix de l'iridium était de 12699 $US/kg (source: Lipmann Walton & Co Ltd). Ajoutons que l'iridium est très utilisé pour fabriquer les (petits!) creusets dans lesquels sont préparés des monocristaux d'oxydes très purs (comme le saphir par exemple). La valeur ajoutée lors d'une telle opération justifie le coût de ces creusets (ce qui n'était pas le cas dans l'exemple que nous avons donné).
7. Que penser, par exemple, de cette technologie qui consiste à produire un composite à matrice d'aluminium contenant jusqu'à 80% (volumique) de diamants? Sachant que le premier marché visé est celui de la production d'armes, serait-il possible (si cette technologie était répandue) d'assurer l'approvisionnement en diamants? (Brevet US 6,482,248 publié le 19 novembre 2002: «Aluminum composite for gun barrels»)
8. Pour donner une idée de la fluctuation du prix du ruthénium, mentionnons que son prix était de 1225 $US/kg le 1er avril 1999 et de 21540 $US/kg le 15 janvier 2007 (source: Lipmann Walton & Co Ltd).

Neuvième étape

L'évaluation des compétences

Une entreprise est, d'abord et avant tout, un ensemble de personnes.

Une nouvelle technologie est, d'abord et avant tout, l'expression des compétences qui ont été appliquées à son développement.

En conséquence: l'évaluation des compétences est un volet indispensable de l'évaluation technologique.

Dans le présent chapitre, nous examinerons successivement:

- Pourquoi évaluer?
- Qu'est-ce que la compétence?
- Qui évaluer?
- Où et comment évaluer?
- Quand évaluer?

Nous donnerons ensuite une liste de questions pouvant servir de guide.

Pourquoi évaluer?

En général, l'évaluation des compétences est effectuée dans une perspective orientée vers le futur. Il s'agit d'évaluer des compétences qui *seront* un jour utilisées et appliquées à la résolution de problèmes. Il s'agit de s'assurer que les compétences présentes garantiront une utilisation judicieuse du financement qui sera accordé à l'entreprise. Il s'agit de s'assurer que les objectifs fixés pourront être atteints.

Notre démarche se situe dans une perspective inverse. Il s'agit d'évaluer les compétences qui ont été appliquées, dans le passé, pour inventer la nouvelle technologie et l'amener au stade de développement qui nous est présenté[1].

Pour montrer la nécessité d'une telle démarche, procédons par analogie. Nous avons déjà comparé la nouvelle technologie à une maison dont il n'existe pour l'instant que les fondations. Nous avons aussi comparé le processus d'évaluation technologique au processus d'inspection de ces fondations. L'analogie est bonne, et il est évident qu'il faut inspecter des fondations : il faut s'assurer de leur solidité, de leur étanchéité, de leur conformité aux règles de construction, de leur capacité à soutenir, pendant de nombreuses années, le poids de la maison et celui des rénovations ou modifications qu'elle pourrait avoir à subir[2]. Dans la plupart des cas, il est malheureusement impossible d'inspecter parfaitement les fondations : les murs extérieurs sont peu visibles, le drain est enfoui, la qualité du béton ne s'évalue pas d'un seul regard, etc. Pour se rassurer et s'assurer de leur qualité, il ne reste alors qu'une seule possibilité : évaluer les compétences et le professionnalisme de celui qui a construit ces fondations.

Résumons. L'évaluation des compétences vise à s'assurer que le développement d'une technologie dans un domaine donné a été effectué selon les «règles de l'art» propres à ce domaine. Elle vise, par exemple, à s'assurer que toutes les lois et réglementations pertinentes ont été considérées et qu'elles sont respectées, que tous les codes ont été suivis, que tous les effets possibles (sur la santé, l'environnement, etc.) ont été analysés, que les méthodes de calcul et de travail *idoines* ont été appliquées, etc. Cette évaluation permet aussi d'identifier les zones d'ombre qu'il conviendra de mieux éclairer. Il conviendra surtout de s'assurer que ces zones d'ombre ne dissimulent pas de faiblesses critiques.

Voici qui complète le «pourquoi?». Avant de passer au «qui évaluer?» puis au «comment évaluer?», disons quelques mots sur la nature, non pas des compétences, mais sur celle de *La* compétence.

Qu'est-ce que la compétence?

Bien des gens associent la compétence à la possession d'un diplôme ou à la participation à un ordre professionnel. Rien n'est plus faux! Ce n'est pas parce que l'on a suivi (et réussi) un ni même dix cours de mathématiques que l'on est compétent en mathématiques. On est compétent en mathématiques lorsque l'on peut, sans avoir à retourner à ses cours ou à ses livres (sauf pour de brèves incursions), résoudre des problèmes mathématiques. Guy Le Boterf résume et complète cette vision de la compétence par la phrase suivante: *«Ce qui est demandé à un sujet en situation de travail, c'est non seulement d'être compétent mais d'agir avec compétence.»*[3]

Comme le souligne cet expert, la compétence n'est pas seulement un «potentiel», une «disposition à agir»; elle est aussi, et surtout, un «processus». Ce processus réside dans l'utilisation à bon escient des ressources que l'on possède pour résoudre un problème ou faire face à une situation. Rappelons toutefois que la compétence exige une certaine base de connaissances.

Qui évaluer?

Dans un chapitre précédent, nous avons quelque peu traité de l'évaluation de l'inventeur. Nous élargirons le processus à *l'équipe technique* qui a été rassemblée (souvent autour de cet inventeur) pour développer, affiner, peaufiner l'invention et amener progressivement la nouvelle technologie au stade de la commercialisation. Au sein de cette équipe technique, il faut tout particulièrement évaluer les compétences des personnes qui, au *plus bas niveau*, ont effectué les choix technologiques *significatifs*[4]. Si c'est un ouvrier qui a effectué le choix d'un matériau critique ou qui a conçu un mécanisme vital, alors il conviendra de sonder les compétences de cet ouvrier. Évaluer le superviseur de cet ouvrier ne suffirait pas. Tout comme ne suffirait pas l'évaluation de l'ingénieur de qui relevait ce superviseur ou, pire encore, l'évaluation du directeur qui votait les budgets et donnait les autorisations finales.

Où et comment évaluer?

Puisque le processus d'évaluation vise davantage à évaluer la technologie à travers les individus plutôt que les individus eux-mêmes, il sera adapté à la personnalité de chaque membre de l'équipe technique et demeurera qualitatif. En conséquence, il sera mené verbalement, lors de rencontres individuelles qui se tiendront préférablement dans le bureau de la personne évaluée (ou sur son lieu de travail).

Pourquoi adapter le processus à la personnalité de chacun? Pour tenir compte des potentialités de chacun mais aussi pour réduire le stress et créer un climat de confiance propice aux échanges. Il ne faut pas oublier que si une entreprise demande du financement, c'est parce qu'elle en a un urgent besoin. Il ne faut pas oublier que, dans une telle situation, toute *évaluation*, et ce, dans quelque domaine que ce soit, est perçue comme un mal nécessaire. Il ne faut pas oublier que, dans une telle situation, chaque employé est conscient de l'importance de la moindre déclaration et, plus grave, de l'importance de la plus infime révélation concernant l'existence d'un problème. Certains réagissent en se fermant comme des huîtres; d'autres sombrent dans une logorrhée qui «noie le poisson». Ajoutons que si les rencontres individuelles génèrent trop de stress[5], l'évaluation des compétences pourra être menée en petits groupes (rassemblant des compétences *semblables* ou *complémentaires*[6]).

Quand évaluer?

Toute évaluation des compétences qui est effectuée en dehors d'un contexte de formation académique ou en dehors d'un milieu scolaire est considérée, par bien des personnes (et bien des employés!), comme lourde de sous-entendus, porteuse de menaces et d'insécurité. «Pourquoi chercherait-on à évaluer mes compétences si l'on avait réellement confiance en moi et confiance en la qualité de mon travail?» Question vite posée et qui, précisons-le sans fausse hypocrisie, n'est pas dénuée de fondement.

Pour que l'évaluation des compétences soit possible, il importe donc de créer un climat de confiance, d'échange et de partage. C'est pourquoi, nous suggérons tout d'abord de ne pas dédier un moment précis à l'évaluation des compétences mais d'intégrer cette démarche à chaque étape du processus d'évaluation technologique.

Prenons un exemple. Visite-t-on le prototype que l'on pourra demander (à l'équipe):

- Quels ont été, lors de la conception (fabrication, opération, amélioration, etc.) de ce prototype les plus grands défis auxquels vous avez été confrontés ET pour lesquels vous étiez soit très bien préparés, soit moins bien préparés?

La question est ouverte. La réponse sera probablement étoffée; elle ouvrira la porte à des questions plus précises et mieux ciblées.

C'est pourquoi nous suggérons ensuite à l'évaluateur de capitaliser sur chaque sentiment de sympathie, d'admiration ou de simple compréhension qu'il éprouvera envers l'évalué. La volonté d'empathie n'est pas toujours suffisante! Les sentiments ne servent évidemment qu'à créer un climat propice à l'échange; ils ne doivent en aucun cas biaiser le résultat du processus.

En ce qui concerne les volets purement administratifs (survol des diplômes, des cours intensifs, des expériences de travail, etc.) ils sont moins chargés d'émotivité. Ils peuvent donc être traités dans le cadre de rencontres formelles, et ce, dès les premiers contacts entre évaluateurs et évalués.

Liste de questions possibles

Les questions qui seront posées lors de ces interviews, se situeront dans deux domaines. Le premier englobe la formation et l'expérience de travail que possède la personne; le second détaille ses modes de participation et d'implication dans le projet. Dans chaque domaine, nous donnerons quelques exemples de questions. Il faut ici faire preuve de tact, de souplesse, d'agilité et de rapidité d'esprit pour exploiter au mieux les ouvertures[7], favoriser la transparence, le partage, l'enthousiasme, pour atténuer le stress et, si besoin est, vaincre les résistances.

Formation et expérience

- Quel(s) diplôme(s) possède cette personne?
- A-t-elle suivi des études de cycles supérieurs (maîtrise ou doctorat)? (Les études supérieures amènent presque toujours l'étudiant dans un domaine très *pointu*. Si la nouvelle technologie fait appel à ce domaine, l'étudiant est souvent très bien placé pour innover.)

- Ses études de cycles supérieurs portaient-elles sur le développement de cette nouvelle technologie? (Cas assez fréquent lors de spin-off de l'université. Dans un tel cas, les bases scientifiques de la nouvelle technologie sont souvent très solides.)
- Peut-elle montrer un portfolio de ses réalisations? A-t-elle des publications techniques ou scientifiques à son actif? Des présentations à des congrès? Des *posters*?
- Ses travaux et ses brevets sont-ils souvent cités?
- Comment est-elle considérée par ses pairs? Quelle est sa réputation parmi ses collègues?
- Quelle(s) expérience(s) de travail a-t-elle acquise(s)?
- Quels sont ses principaux champs de compétences?
- Quel est le domaine dans lequel elle estime posséder une compétence unique qui la distingue de tous ses collègues (et de ses pairs)?
- Que fait-elle pour maintenir ses compétences à jour et pour les développer?

- Nous l'avons déjà souligné: la vérification des diplômes s'impose, tout particulièrement dans le cas de diplômes d'études supérieures et surtout lorsque la personne possède un titre de directeur ou de vice président. Les *mauvaises surprises* sont rares mais leur impact peut être si dévastateur[8] qu'il importe de se prémunir contre elles.
- Un coup d'œil rapide au bureau de la personne contribue à l'évaluation. La bibliothèque contient-elle beaucoup de livres et de catalogues techniques? Un tableau est-il couvert de chiffres et d'équations? Des données techniques, des plans, des dessins, sont-ils affichés sur les murs[9]?

Association au projet et implication

- À quel stade d'évolution du projet la personne a-t-elle été embauchée?
- Quelle fut alors son évaluation personnelle de la situation (technologique)?
- Quels choix technologiques (faits avant elle) a-t-elle modifiés?
- Quelles orientations technologiques (prises avant elle) a-t-elle abandonnées?
- Quels problèmes a-t-elle résolus?
- Quels choix technologiques a-t-elle effectués?
- Quelle propriété intellectuelle originale a-t-elle contribué à faire naître?
- Quels défis lui reste-t-il à relever?
- Lesquelles de ses compétences ont été les plus sollicitées?
- A-t-elle eu besoin d'acquérir de nouvelles compétences?
- Est-ce que les problèmes associés à son champ de compétence sont ceux qui sont le plus faciles à résoudre (à l'intérieur du cadre de développement de la nouvelle technologie)?

- Selon le degré d'ouverture dont témoigne la personne, on peut prolonger chaque question par des «pourquoi», des «comment», etc.
- Dans la mesure du possible, un document devrait *toujours* être utilisé par l'évalué pour soutenir, appuyer, illustrer sa réponse. Puisqu'il est dans son bureau, l'interviewé peut sortir et montrer des cahiers de calculs, des rapports, des lettres, des fichiers informatiques, des listes de données, des graphiques, des dessins, etc. Il ne devrait pas hésiter à montrer des brouillons, des ébauches, des notes personnelles; à sortir de ses tiroirs des échantillons, des prototypes de pièces, de vieilles photographies des premiers montages ou du premier prototype, etc. Soulignons qu'il n'est pas question ici d'*analyser* mais simplement de *constater*. Constater l'existence et l'application des compétences.

1. L'évaluation des compétences servira également à estimer la probabilité d'atteindre les objectifs technologiques qui seront associés à l'attribution du financement ainsi qu'à évaluer les chances de succès de l'entreprise fondée pour développer la nouvelle technologie. Dans ce dernier cas, toutefois, force est d'admettre que les compétences des dirigeants pèseront aussi lourd, sinon plus, que les compétences de l'équipe technique.
2. L'analogie pourrait être poursuivie dans le détail. L'étanchéité des fondations serait l'équivalent de la force de la propriété intellectuelle, etc.
3. Guy Le Boterf, *Construire les compétences individuelles et collectives*, 2e édition, Éditions d'organisation, 2000, ISBN 2-7081-2645-8.
4. Les dirigeants de l'entreprise ont souvent une bonne connaissance de ces choix et une bonne perception de leur importance stratégique. Ils peuvent donc aider l'évaluateur à identifier les personnes-clés qu'il convient d'interviewer.
5. Précisons que, très souvent, ce ne sont pas les employés (c'est-à-dire les évalués) qui seront les plus stressés par le processus mais les dirigeants qui auront l'impression de perdre la maîtrise de l'information en une période vitale pour la survie de l'entreprise. Souvent, lors de la phase de développement initial de l'entreprise, les dirigeants sont aussi les actionnaires. Leur inquiétude est donc légitime; elle doit être prise en considération. Et puisque l'on vient de parler d'actionnariat, il est important de souligner que les interviews des membres de l'équipe technique qui sont aussi des actionnaires doivent être conduites de façon à dissocier l'opinion de l'expert technique (toujours nuancée) de celle de l'actionnaire (résolument optimiste). Inutile ici de finasser! La meilleure approche consiste, avec humour, à prendre le taureau par les cornes et à appeler un chat, un chat!
6. Le moyen le plus simple d'effectuer ces regroupements consiste à rencontrer les groupes qui ont été formés pour atteindre certains objectifs. On court toutefois le risque d'avoir alors en face de soi un groupe si homogène, si monolithique, si bien soudé que l'évaluation des compétences individuelles devienne impossible. Toute chose ayant son bon côté, l'identification d'un tel groupe a ceci d'utile qu'elle doit amener l'évaluateur à effectuer une analyse très fine des consensus technologiques propres à ce groupe (de tels consensus étant de véritables *paradigmes* internes à l'entreprise). Sur ce sujet lire Irving L. Janis, «Groupthink: The desperate drive for consensus at any cost», *Psychology Today Magazine*, novembre 1971.
7. Malgré le nombre de questions et la diversité des sujets abordés, l'interview doit rester *léger*. Quant à l'évaluateur, il doit être souriant, de bonne humeur, *délié*. Tout le contraire d'un inquisiteur ou d'un policier. Trois citations pour guider le processus:

   «Il faut se défier aussi de l'attention, où il entre toujours un peu de sottise [...] Si l'on n'imite point quelquefois le chat qui dort, on ne voit que ce qu'on veut voir.» (Alain, *Propos*, 22 juin 1924)

   «Quand mes amis sont borgnes, je les regarde de profil.» (Joubert, *Pensées*, 1806)

   «Je retiens ce que je veux. Mais le difficile n'est pas là. Il est de retenir ce dont je voudrais demain!... J'ai cherché un crible machinal.» (Paul Valéry, *Monsieur Teste*)
8. Particulièrement dans le cas d'une entreprise cotée en bourse ou désirant l'être.
9. Les Japonais attachent une importance toute particulière à cet aspect de la gestion de l'information.

Conclusion

Ce livre, dans lequel un chapitre suit l'autre, donne du processus d'évaluation technologique une image par trop linéaire et analytique. Nous allons consacrer la première partie de cette conclusion à retrouver une juste perspective. Nous élargirons ensuite le cadre de nos réflexions en montrant pourquoi la focalisation sur la technologie constitue une innovation dans le processus d'évaluation technologique. Nous finirons en rappelant le paradigme de base et en montrant le paradoxe qu'il fait naître.

Un processus holiste

Commençons par réaffirmer que le processus doit être holiste. L'évaluation globale sera plus que la somme des évaluations de chacune des parties (brevets, prototypes, compétences, etc.). Quand toutes les informations auront été colligées, vérifiées, examinées, quand toutes les perceptions auront été amenées dans le champ de la conscience puis analysées, quand tous les préjugés auront été identifiés puis abandonnés, quand le voyage sera terminé, l'intuition sera appelée à la barre pour l'accostage final.

Et puisque l'intuition ne se développe pas, ne se cultive pas comme le raisonnement, il faut savoir satisfaire les besoins de l'un et de l'autre. Il faut savoir suivre avec rigueur un plan d'évaluation et il faut savoir s'en éloigner. Il faut savoir comprendre des paroles et il faut savoir capter des regards. Il faut savoir analyser des documents et il faut savoir «lire entre les lignes». Il faut savoir questionner et il faut savoir écouter. Il faut surtout savoir *entendre*. Pour éviter que cette dualité débouche sur la confusion, il faut qu'une structure du processus soit toujours présente à l'esprit de l'évaluateur.

Les deux schémas qui suivent présentent une telle structure. Le premier présente les trois pôles de l'évaluation; le second, sa dynamique.

Les pôles de l'évaluation

Ils sont au nombre de trois : les personnes, les idées, les choses.

Les personnes ne développent des idées qu'en fonction de l'information qu'elles possèdent. Elles ne font les choses ou n'agissent sur les choses qu'en fonction des compétences qu'elles ont développées. Quant aux idées, toutes ne sont pas faisables et ne peuvent pas être transformées en choses.

Puisque nous croyons que l'évaluation doit porter, non seulement sur les éléments d'un ensemble mais sur les relations qui existent entre ces éléments, nous avons suggéré d'évaluer, non seulement les personnes, les idées et les choses mais aussi d'évaluer les compétences, l'information, la faisabilité.

La dynamique de l'évaluation

Beaucoup d'évaluations ne portent que sur l'état actuel d'une technologie. Elles n'évaluent que ce qui est, au jour de l'évaluation, *présent* et présenté. Nous favorisons, quant à nous, un processus plus dynamique, qui sonde le passé, qui explore l'avenir. Nous croyons par ailleurs que le processus d'évaluation doit, sinon mettre en lumière, du moins amener à la conscience les points d'ancrage et, pourrait-on dire, les paradigmes culturels, scientifiques, industriels qui ont permis l'émergence de la nouvelle technologie.

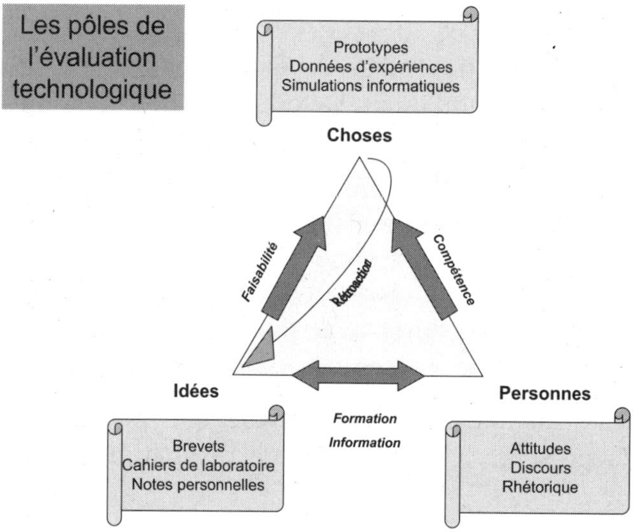

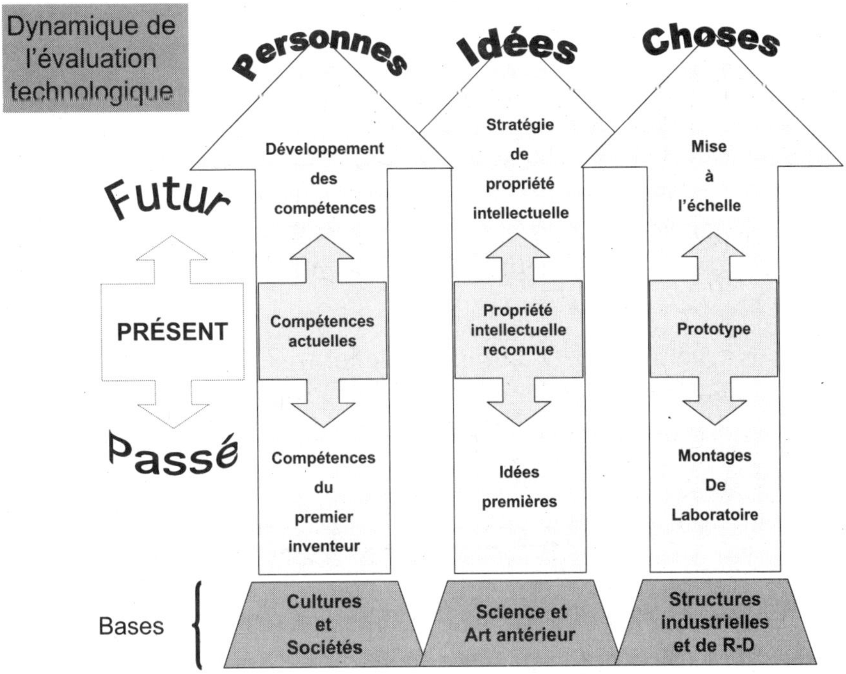

Un processus focalisé

Toute médaille possède deux faces : un avers et un envers. Toute technologie possède deux valeurs : une valeur intrinsèque et une valeur extrinsèque.

La plupart des processus d'évaluation technologique essaient d'établir la valeur extrinsèque de la technologie. Nous avons, dans cet ouvrage, présenté un processus d'évaluation de la valeur intrinsèque.

Pour expliciter ces notions de valeurs intrinsèque et extrinsèque, faisons appel à l'analogie. Essayons de bâtir celle-ci autour du mot « potentiel ». À première vue, cela semble possible car le potentiel, cela peut être *le potentiel* d'une nouvelle technologie mais cela peut aussi être, *stricto sensu*, *la différence de potentiel* qui existe entre les deux bornes d'une pile ou d'une batterie d'accumulateurs. L'analogie est donc simple. Nous comparerons une nouvelle technologie à une pile.

Poursuivons l'analogie en rappelant que si on relie les deux bornes d'une pile par un fil conducteur, un courant (d'électrons) circulera dans ce fil. Complétons-la en comparant le fil à la société, les électrons aux produits fabriqués en utilisant cette nouvelle technologie et la résistance (électrique) du fil à la résistance qu'offrira la société (dans son ensemble) à la pénétration (ou mieux, aux échanges) de ces produits. Précisons encore que, plus de produits seront échangés (vendus et achetés), plus la nouvelle technologie générera de richesse et plus le retour sur l'investissement sera grand.

Nous voici fins prêts à utiliser une loi très simple, la loi d'Ohm selon laquelle, dans un circuit électrique aussi simple que celui que nous venons de considérer :

- L'intensité du courant qui passe dans le fil (c'est-à-dire le nombre d'électrons qui circulent) est égale à la force électromotrice (de la pile) divisée par la résistance (du fil).

Traduisons cela en langage économique :

- La richesse générée par une technologie sera proportionnelle à la valeur de la technologie et inversement proportionnelle à la résistance qu'offrira la société à l'introduction des produits fabriqués avec cette technologie.

Si maintenant nous décidions de bâtir une méthode d'évaluation technologique fondée sur cette analogie, nous devrions estimer :

- Le potentiel qu'offre la nouvelle technologie pour fabriquer certains produits à un certain moment (c'est-à-dire pour faire circuler une certaine quantité d'électrons lorsque l'on ferme le circuit). (Note : c'est l'utilisation des prépositions *pour* et *à* qui déterminent le caractère *extrinsèque* de la nouvelle technologie.)
- Les forces de résistance qui s'opposeront à l'introduction de la nouvelle technologie[1].

Pourquoi avoir choisi de ne pas suivre cette ligne de pensée? Tout simplement parce que nous croyons que, à long terme, l'évaluation de la valeur intrinsèque se révèle plus utile et surtout plus profitable financièrement que celle de la valeur extrinsèque.

Reprenons d'ailleurs notre analogie. Toutes les piles ne sont pas également *bonnes* et performantes. Toutes ne s'usent pas « que si l'on s'en sert ». Toutes ne présentent pas la même durée de vie ; toutes n'offrent pas la même résistance face à des conditions extrêmes d'utilisation. Que préférons-nous? Une pile qui, lors du premier branchement, fournit la performance escomptée ou une pile fiable, qui offre une performance constante pendant de nombreuses années?

Et tout comme l'industrie des piles a été obligée, pour offrir de meilleurs produits, de procéder à des évaluations de plus en plus *fines*, de plus en plus *pointues*, de plus en plus *complexes* de ses produits, nous croyons que nos sociétés, pour mettre à leur service des technologies performantes et rentables, doivent procéder à des évaluations de plus en plus *denses*, concentrées, focalisées sur les technologies elles-mêmes et non sur leur éventuelle acceptation.

C'est la valeur intrinsèque d'une technologie qu'il importe tout d'abord d'évaluer.

Un processus «assisté»

Rappelons que l'évaluation technologique est souvent déclenchée par une demande de financement. Rappelons aussi que si la notion de «risque financier» est objective et impersonnelle, il n'en est pas moins certain que la décision d'octroyer ou non le financement sera associée à un certain risque personnel pour celui ou celle qui prendront cette décision (risque de ne pas voir son plan de carrière se réaliser, de ne pas recevoir une augmentation de salaire, etc.).

Le processus vise non seulement à orienter le décideur mais à le rassurer, à lui prouver que sa décision a été, est ou sera bonne.

Dans une telle situation, lorsque le risque personnel est présent, nombre de personnes font appel à l'adage voulant que «l'on est jamais si bien servi que par soi-même». Nous suggérons, quant à nous, de toujours faire appel à un spécialiste, à un expert du secteur technologique dans lequel s'inscrit l'invention. Cette suggestion génère deux paradoxes.

Le premier paradoxe est que la personne qui prend un risque (le financier) doit faire confiance à une personne qui n'en prend aucun (l'expert). Comment donc s'assurer que cette dernière personne ne prendra pas sa décision *à la légère*? Comment s'assurer qu'elle sera consciente et digne de sa *responsabilité*?

Le deuxième paradoxe est que la personne qui ne connaît pas un secteur technologique (le financier) doit choisir un expert dans ce domaine. Comment s'assurer que celui qui se présente comme un expert est réellement un expert? Comment s'assurer que son domaine d'expertise est *pertinent*? Et puisqu'un «expert scientifique» est, aux yeux d'un financier, véritablement *expert*, que penser des limites qu'il fixe à son jugement et à son expertise? Et puisqu'un expert n'est jamais parfait, que penser des jugements qu'il énonce, des prédictions qu'il effectue? Nous voici bien près de ces célèbres «Nœuds» auxquels R.D. Laing a consacré un ouvrage[2].

Revenons sur la question de fond: comment choisir l'expert? Pour tenir compte du fait que l'inventeur ou l'équipe qui vont être soumis au processus d'évaluation connaissent les principaux experts qui gravitent dans leur secteur technologique, le choix de l'expert peut (et nous dirions même: *doit*) être effectué conjointement par le financier et les futurs évalués. Soulignons d'ailleurs (autre paradoxe) que le choix de l'expert qui évaluera peut servir de premier critère d'évaluation[3].

*Et pour finir: l'*invidence

Les technologies sont comme les vertus. Sans les hommes, elles ne sont rien. Ce sont les hommes qui les font naître, qui les développent, qui les exploitent, qui les transforment, et qui, un jour, décident de les dépasser.

Dans cette longue chaîne d'hommes qui s'associent à leur destin, les Financiers occupent une place primordiale. Nous avons montré, dans cet ouvrage, comment ils peuvent collaborer avec les Inventeurs et les Experts afin d'effectuer de meilleurs choix technologiques.

Et puisque les artistes et les écrivains forment eux aussi des maillons essentiels de cette chaîne, laissons-leur le dernier mot. Voici donc trois de leurs conseils, bien différents, tant par le style que par la portée.

«Où allons-nous?», demande le gendarme, dans un film, à son brigadier. «Je ne sais pas», répond le brigadier. Il ajoute: «Allons-y franchement.»

Tout est là. C'est la grande méthode.» (Alexandre Vialatte)[4]

«Je l'estime déjà fort savant puisqu'il sait tâtonner avec méthode.» (Alain)[5]

«L'évidence intérieure intime. La clarté sans éclat. Constituée par la facilité à croire. L'*invidence* en un mot, si ce mot peut être employé.» (Joubert)[6]

---

1. Ces résistances s'expriment souvent par des normes ou des règlements. Dans les domaines où les normes sont légion (le nucléaire, par exemple), il est très difficile d'imposer de nouvelles technologies (ou de nouveaux produits). Par ailleurs, le caractère *politique* de quelques normes et règlements leur confère une imprévisibilité qui nuit à l'estimation de leur capacité de résistance (au changement). Un exemple: les amendements effectués, en 1990, au Clean Air Act des États-Unis. favorisèrent, un peu partout dans le monde, le développement de nouvelles technologies orientées vers la conception et la fabrication de véhicules plus légers. Lorsque l'administration de George W. Bush *recula* sur certains points, certaines de ces nouvelles technologies eurent de la difficulté à trouver du support.
2. Nous ne saurions d'ailleurs trop recommander la lecture de la troisième partie de cet ouvrage. Les deux personnages Jack et Jill convenant parfaitement au financier et à l'expert. (R.D. Laing, *Knots*, Penguin Books, 1971, ISBN 0-14-00-3350-5.)
3. En affirmant qu'il convient d'évaluer la valeur intrinsèque d'une technologie, nous avons évité un troisième paradoxe qui mérite toutefois d'être identifié. Ce paradoxe s'articule de la façon suivante. Un expert, embauché à titre d'expert, adoptera spontanément une attitude technocratique. Il prendra pour acquis que ne méritera d'être financé que ce qui sera trouvé *technologiquement valable*. Le financier qui le paie, quant à lui, pourra prendre une attitude plus souple et considérer que tout ce qui est, à court terme surtout, *financièrement rentable*, méritera d'être encouragé. Le paradoxe est généré lorsque l'on ajoute que le financier devra, dans les deux cas (lorsque le financement est accordé comme lorsque le financement est refusé) accepter la rationalité de celui qu'il a payé. Embaucher quelqu'un que l'on sait «devoir croire» et déjà savoir qu'on ne voudra pas toujours le croire, voici le paradoxe.
4. Alexandre Vialatte, *Les champignons du détroit de Behring*, Presses Pocket No 3558.
5. Alain, *Propos*, 1er décembre 1906.
6. Joseph Joubert, *Pensées*, 1797.

Annexe 1

Questions pour le demandeur de l'évaluation (l'investisseur potentiel)

La personne qui demande l'évaluation d'une technologie doit être consciente de la position qu'elle adopte inconsciemment face à toute idée de développement technologique et, partant, face à toute demande de financement associée à une telle idée. Comme l'affirme le proverbe: «Un homme averti en vaut deux!».

L'exercice suivant vise à inciter le demandeur (qui peut également faire office d'évaluateur) à réfléchir à ses propres convictions et croyances. Il lui faudra prendre position à l'égard des cinq énoncés suivants.

Nous suggérons d'examiner attentivement chaque énoncé avant de se former une opinion, puis d'aller à la page suivante lire les commentaires qui se rapportent à chaque énoncé.

Êtes-vous en accord avec les énoncés suivants:

1. Si une nouvelle technologie, une nouvelle idée ou une nouvelle vision technologique n'entre pas dans le champ de la science actuelle, il est quand même possible qu'elle soit valide et valable. (OUI) (NON)
2. Si des dizaines, voire des centaines d'inventeurs, ont travaillé ou travaillent à mettre au point une nouvelle technologie, il devient quasiment inévitable qu'un jour ou l'autre l'un d'entre eux réussisse et que cette nouvelle technologie voie le jour. (OUI) (NON)

3. Toute invention a quelque chose de bon et d'utile qui peut ou pourrait être exploité. (OUI) (NON)
4. Les scientifiques sont les meilleurs guides pour décider si une nouvelle technologie pourra être amenée au stade industriel. (OUI) (NON)
5. Si une nouvelle technologie fonctionne à l'échelle du laboratoire (c'est-à-dire qu'elle produit les effets désirés au niveau d'intensité désiré), un financement adéquat permettra de la développer à l'échelle industrielle. (OUI) (NON)

Commentaires

1. Si vous avez répondu OUI: attention!

   Si une nouvelle technologie est en rupture avec la science, alors il y a fort à parier qu'elle n'est pas valable. Souvenez-vous que si une nouvelle technologie n'est pas fondée sur des principes scientifiques bien établis alors, elle ne repose sur rien et n'est qu'un rêve. Partez du principe que la science a toujours raison et si quelqu'un vous affirme que tel n'est pas le cas, n'hésitez pas à demander des preuves «bétonnées»

2. Si vous avez répondu OUI: attention!

   Certains problèmes et certains rêves sont comme des miroirs aux alouettes. Ils attirent les inventeurs sans que ceux-ci aient la moindre chance de succès. Souvenez-vous des machines à mouvement perpétuel…

3. Si vous avez répondu OUI: attention!

   Il existe des millions d'inventions qui ne créent pas et ne sauraient créer les effets promis. Songez à l'homéopathie ou à l'architecture «feng-shui»…

4. Si vous avez répondu OUI: attention!

   Pour un scientifique, ce qui est «possible sur le plan scientifique» est parfois presque automatiquement «réalisable sur le plan technologique et industriel». Ce n'est pas le cas. La réalité amène des contraintes de toutes sortes et l'exploitation d'un principe scientifique est parfois impossible à une époque donnée. Ainsi, d'un point de vue strictement scientifique, il est facile de réaliser la fusion thermonucléaire. D'un point de vue technologique, il est encore impossible de bâtir les réacteurs capables d'exploiter cette source inépuisable d'énergie. Pour décider si une nouvelle technologie peut être amenée au stade industriel il faut consulter un ensemble de spécialistes parmi lesquels on retrouve des technologues, des ouvriers spécialisés, des vendeurs de biens ou de services, etc. Cela demande du temps...et de l'argent! Nous touchons ici au risque que vous devrez accepter de prendre en investissant dans le développement de la nouvelle technologie.

5. Si vous avez répondu OUI: attention!

   Tout ce qui fonctionne à petite échelle ne peut pas être reproduit à grande échelle. La mise à l'échelle entraîne de nombreuses contraintes. Certaines d'entre elles paraissent triviales; elles n'en existent pas moins et sont parfois limitatives. On peut, par exemple, fabriquer une toute petite enclume très dure avec un diamant. On ne saurait, pour des raisons évidentes, en fabriquer une grande. Ajoutons, pour être complet, qu'il est des facteurs de «masse critique» qui jouent à l'inverse et qui interdisent de faire à petite échelle ce qui est possible à plus grande échelle. Songez à la bombe atomique, par exemple. Des surprises (bonnes ou mauvaises) n'émergeront que lors de la construction à grande échelle, et ce, même si l'équipe technique a procédé à toutes les analyses préalables possibles. Un autre risque à accepter...

Annexe 2

Questionnaire d'évaluation

Ce questionnaire vise à soutenir la personne qui mène le processus d'évaluation (l'évaluateur) pour le compte de celle qui le demande (l'investisseur potentiel). D'une part, il permet d'établir la faisabilité de la nouvelle technologie et, d'autre part, d'appréhender sa pertinence et sa compétitivité potentielle.

Par son approche mixte, à la fois holistique et analytique, le questionnaire est l'occasion pour son utilisateur de se donner une image générale de l'innovation et d'en dresser un portrait détaillé.

Un premier niveau d'analyse qui consiste à faire un survol des neuf dimensions couvertes par le questionnaire permet d'apprécier la nouvelle technologie dans son ensemble. Un deuxième niveau d'analyse donne lieu à un examen plus détaillé sous différents angles dans le but de mettre en évidence les points forts, les éléments à consolider ou les correctifs à apporter, s'il y a lieu.

Ce questionnaire regroupe, sous neuf grands thèmes, des questions et leurs pistes d'interprétation.

1. Les bases scientifiques
2. L'idée fondatrice: racines et ramifications
3. L'inventeur, l'équipe technique et leurs compétences
4. La propriété intellectuelle
5. Le balisage technologique
6. Le prototype
7. Les documents
8. Les forces et les faiblesses
9. La mise à l'échelle

1. Approche holistique - Appréciation d'ensemble de la nouvelle technologie

D'entrée de jeu, après avoir pris connaissance globalement de la nouvelle technologie, indiquer jusqu'à quel point elle vous paraît solide, robuste ou éprouvée en fonction des neuf critères d'analyse. (Nous englobons les trois adjectifs précédents sous le terme «crédibilité».)

Critères d'analyse	**Échelle d'appréciation**			
À l'égard des critères suivants:	**La nouvelle technologie est:**			
	+ Très crédible	+ ou – Plus ou moins crédible	– Peu ou pas crédible	Je ne peux me prononcer
1. Les bases scientifiques				
2. L'idée fondatrice, ses racines, ses ramifications				
3. L'inventeur, l'équipe technique et leurs compétences				
4. La propriété intellectuelle				
5. Le balisage technologique				
6. Le fonctionnement du prototype				
7. Les documents et la documentation				
8. L'analyse des forces et des faiblesses				
9. L'analyse de la mise à l'échelle				

Remarques:

- Éléments forts:
- Éléments à consolider:

Recommandation:

❑ Investir dans cette nouvelle technologie

❑ Poursuivre l'investigation au regard de...

❑ Ne pas investir dans cette nouvelle technologie

2. Approche analytique

Les pages qui suivent reprennent un à un les neuf critères d'analyse d'une nouvelle technologie. Il est possible d'évaluer l'innovation technologique en fonction de chacun de ces critères afin de dresser un portrait détaillé, ou encore, il peut être pertinent de n'analyser que les critères pour lesquels une étude plus approfondie est requise.

L'analyse de chaque critère se fait par le biais d'une série de questions. Les réponses aux questions ne sont pas dichotomiques, mais peuvent être élaborées et servir à bâtir une intuition générale concernant la validité et la valeur de la nouvelle technologie.

Les questions servent de déclencheur à la réflexion et permettent de guider l'utilisateur dans son analyse des pistes d'interprétation lui sont fournies.

Au terme de l'analyse, il est suggéré de compléter le tableau synthèse afin d'établir un portrait permettant d'étayer la recommandation de l'évaluateur.

1. LES BASES SCIENTIFIQUES

1.1 L'invention est-elle fondée sur l'exploitation d'une loi scientifique bien connue?

Nom de cette loi:

1.2 L'invention est-elle fondée sur l'exploitation d'un effet reconnu?

Nom de cet effet:

1.3 Cette loi et/ou cet effet sont-ils connus du milieu scientifique et reconnus par lui?

1.4 Cette loi et/ou cet effet sont-ils intégrés à des programmes de formation scolaire?

1.5 Existe-t-il d'autres techniques ou technologies qui exploitent cet effet ou cette loi?

Citez-en quelques-unes:

1.6 La loi ou l'effet ont-ils été découverts depuis moins de dix ans?

Précisions sur la découverte:

Certains inventeurs sont prompts à essayer d'exploiter au mieux les plus récentes découvertes scientifiques. Lorsqu'un nouvel effet n'est pas encore parfaitement caractérisé, il leur est toutefois difficile de mettre au point les détails d'une technologie capable d'exploiter cet effet. Ils s'en tiendront alors aux généralités et le développement ultérieur comportera bien des risques.

1.7 Cette découverte a-t-elle été confirmée par la communauté scientifique?

En résumé, les bases scientifiques sur lesquelles s'appuie la nouvelle technologie la rendent:

- ❑ Très crédible
- ❑ Plus ou moins crédible
- ❑ Peu ou pas crédible

Points forts:	
Éléments à consolider:	
Obstacles à prévoir:	
Pistes de solution à envisager:	

2. L'IDÉE FONDATRICE: SES RACINES, SES RAMIFICATIONS

2.1 Est-ce que le problème que l'invention résout est connu (ou se pose) depuis longtemps?

Si le problème se pose depuis plus de vingt ans, bien valider la capacité de la nouvelle technologie à le résoudre. Porter beaucoup d'attention aux cahiers de calculs et aux données acquises avec le prototype.

2.2 Est-ce que l'idée fondatrice de la nouvelle technologie est née au sein du groupe actuel d'inventeurs?

Parfois les idées fondatrices de nouvelles technologies sont publiées par des universitaires dans des revues scientifiques. Malgré le caractère public de ces documents il est toutefois souvent possible d'obtenir un brevet portant sur des aspects précis de la nouvelle technologie. Rappelons qu'un brevet n'est pas seulement une idée.

Si oui, comment est née cette idée?

Si l'idée semble née spontanément et ex nihilo, *approfondir l'enquête. Faire émerger les liens avec d'autres technologies ou d'autres innovations. Une relation de confiance avec les inventeurs est ici essentielle.*

Si non, (si ce n'est pas au sein de ce groupe qu'est née l'idée fondatrice) pourquoi le groupe a-t-il choisi de travailler sur cette idée? Comment concevait-il sa participation potentielle (dans le mouvement général du développement des idées technologiques)?

Déterminer si le groupe voyait la possibilité d'obtenir une propriété intellectuelle originale et une différenciation technologique amenant un avantage compétitif. Évaluer la motivation entrepreneuriale de l'équipe.

2.3 Combien de chercheurs ou de groupes ont essayé et/ou essaient, dans le monde entier, de mettre au point la même invention ou une invention semblable?

Aborder la question de façon très ouverte. Insister davantage sur les similarités que sur les différences. Il s'agit davantage d'évaluer la compétition potentielle à court et moyen terme que de chercher à vanter la différenciation acquise.

2.4 Est-ce que tous ces groupes travaillent avec exactement le même objectif en vue? (L'objectif est ici l'objectif technologique et non l'objectif social par exemple.)

> *S'il appert que d'autres groupes travaillent dans le même champ technologique mais avec d'autres objectifs industriels ou commerciaux en vue, il conviendra d'évaluer leur flexibilité stratégique et leur motivation vers une diversification horizontale (qui en ferait des compétiteurs).*

2.5 Est-ce que ces groupes travaillent avec des moyens (financiers surtout) semblables? En est-il certains qui sont soutenus par un gouvernement, une agence gouvernementale, une université, une multinationale?

> *Si un groupe travaille avec de gros moyens financiers, scientifiques ou autres, demander à l'équipe de bien définir comment elle compte remporter la compétition.*

2.6 Est-ce que l'idée fondatrice représente une innovation radicale ou une innovation incrémentale? (Les innovations incrémentales sont souvent des améliorations d'invention antérieures. Dans de tels cas, le titre du brevet comporte souvent les mots «amélioration» ou «*improvement*».)

2.7 *S'il s'agit d'une innovation radicale:*

Pourquoi l'invention n'est-elle pas apparue plus tôt?

Quels étaient les verrous technologiques ou industriels qui nuisaient à son apparition?

Comment et, si possible, par qui ont été levés ces verrous?

> *Ne pas hésiter à revenir aux bases scientifiques. Vérifier l'existence des verrous invoqués. Ne pas hésiter à afficher beaucoup de scepticisme.*

2.8 *S'il s'agit d'une innovation incrémentale*

Quelle est la différenciation introduite par l'invention?

En quoi cette différenciation est-elle souhaitable?

Existe-t-il des documents (publiés dans le passé) qui faisaient état du caractère «souhaitable» de la différenciation (c'est-à-dire cette différenciation était-elle souhaitée)?

De quand date le premier de ces documents?

Si, dans le sillage de ces souhaits, des efforts de R-D ont été faits (par d'autres équipes) pour réaliser cette différenciation, pourquoi n'ont-ils pas porté fruit?

Si, malgré ces souhaits, des efforts de R-D n'ont pas été investis, pourquoi?

La différenciation ne doit pas avoir été recherchée pour elle-même. Un besoin technologique doit être mentionné. Si ce besoin technologique existe depuis longtemps, vérifier la capacité réelle de la nouvelle technologie à le combler.

En résumé, l'idée fondatrice sur laquelle repose la nouvelle technologie la rend:

❑ Très crédible

❑ Plus ou moins crédible

❑ Peu ou pas crédible

Points forts:	
Éléments à consolider:	
Obstacles à prévoir:	
Pistes de solution à envisager:	

3. L'INVENTEUR, L'ÉQUIPE TECHNIQUE ET LEURS COMPÉTENCES

3.1 L'inventeur[1] principal est-il membre de l'équipe qui demande le financement?

Si non, pourquoi a-t-il quitté l'équipe et en quelles circonstances?

Si non, que fait-il aujourd'hui? Travaille-t-il encore sur son invention?

Si l'inventeur a quitté l'équipe, il faut tout particulièrement vérifier s'il croit au potentiel de son invention et au potentiel de l'équipe réunie pour la parachever. Une rencontre privée peut aider à éclaircir ce point. Cette rencontre devra être planifiée avec l'assentiment de l'équipe technique.

3.2 Est-ce que les autres personnes citées comme « inventeurs » sur les brevets et plus particulièrement sur le brevet *fondateur* de l'entreprise font encore partie de l'équipe?

Note : Le brevet fondateur est celui qui offre la meilleure description globale de la nouvelle technologie. En règle générale, c'est celui qui a été déposé en premier.

Quelle proportion (de ces personnes) a quitté l'entreprise?

Pourquoi?

Certaines d'entre elles travaillent-elles pour des compétiteurs?

Vérifier tout particulièrement si les orientations technologiques prises ou suggérées par ces personnes sont en cause.

3.3 Le portfolio technologique des inventeurs contenait, avant qu'ils se joignent à l'équipe actuelle, combien d'inventions, dans quels domaines? Combien de ces inventions sont utilisées dans le secteur industriel?

1. Note : Les inventeurs sont toutes les personnes dont les noms figurent sur les brevets. L'inventeur principal est la personne qui est reconnue, par l'équipe technique, comme étant la source principale d'innovation (elle n'est pas nécessairement celle dont le nom figure le plus souvent sur les brevets).

Une équipe pragmatique, créative et fortement arrimée aux besoins du milieu industriel aura plus de chances qu'une autre de développer avec succès la nouvelle technologie.

3.4 Combien de membres de l'équipe techniques possèdent un diplôme, une formation quelconque ou encore une expérience de travail dans le domaine couvert par l'invention? Combien de diplômes d'études supérieures?

Utiliser ces réponses pour sonder les compétences précises que possèdent les membres de l'équipe. Les questions sur les diplômes ne servent que d'introduction.

3.5 Combien de fois (ou à quelle fréquence) les publications et les brevets des inventeurs ont été (ou sont encore) cités (dans des publications scientifiques/technologiques et surtout, dans d'autres brevets)?

Un jugement positif par les pairs, voire une simple reconnaissance, ne constitue pas un gage de réussite industrielle. Il offre toutefois une certaine garantie quant aux objectifs poursuivis par l'équipe et aux méthodes de travail qu'elle utilise.

3.6 Est-ce qu'un inventeur (membre de l'équipe technique) a travaillé pour une entreprise opérant dans le domaine couvert par l'invention? A-t-il travaillé plus de dix ans dans ce domaine?

Une réponse positive renforce la crédibilité de l'équipe et la validité des axes de développement technologique choisis. Toutefois, si la réponse à l'une ou l'autre de ces questions est positive, vérifier les ententes de confidentialité passées entre l'inventeur concerné et son (ou ses) ex-employeur(s)

3.7 Est-ce que les inventeurs travaillent (ou ont déjà travaillé) en étroite collaboration avec une université ou un laboratoire gouvernemental de recherche et développement?

Une réponse positive à cette question simplifie la validation des bases scientifiques. Vérifier toutefois l'orientation technologique des projets menés conjointement. Si les objectifs de ces projets semblent être purement scientifiques, vérifier leur arrimage avec les objectifs technologiques.

3.8 Combien d'années ont été nécessaires aux inventeurs pour amener l'invention au point de développement actuel?

Le développement technologique étant de plus en plus rapide, si la réponse à cette question dépasse de 3 à 5 ans (selon le secteur), il y a lieu de vérifier la pertinence de l'invention ainsi que ses chances de succès. Si ces deux volets sont jugés «excellents», il y aura lieu de considérer un financement important (pour accélérer la vitesse de développement).

3.9 Quelle est la proportion de l'équipe technique qui est dotée de diplômes universitaires?

Lors de son embauche, chaque membre a évalué les chances de succès de la nouvelle technologie. La facilité à attirer et retenir des professionnels est un indicateur de chances de succès. Leur présence est un facteur clé de succès.

3.10 Quelle est la proportion de l'équipe qui œuvre dans le même secteur technologique (mécanique par exemple)?

Si des professionnels de domaines très différents (génie mécanique et biologie moléculaire, par exemple) sont présents au sein de l'équipe, vérifier le degré d'intégration verticale et la nécessité de maintenir pour longtemps ce degré d'intégration.

3.11 Quelle est la proportion de techniciens (ou d'ouvriers spécialisés) au sein de l'équipe?

> *Quand cette proportion est élevée, l'équipe technique considère (plus ou moins consciemment) que les grands axes technologiques sont choisis. Valider cette perception.*

En résumé, les compétences de l'inventeur et de l'équipe technique portent à considérer la nouvelle technologie comme étant:

- ❑ Très crédible
- ❑ Plus ou moins crédible
- ❑ Peu ou pas crédible

Points forts:	
Éléments à consolider:	
Obstacles à prévoir:	
Pistes de solution à envisager:	

4. La propriété intellectuelle

Le brevet fondateur

4.1 L'invention principale (la nouvelle technologie) est-elle brevetée (le brevet a-t-il été accordé)?

4.2 Lors de la préparation de la demande de brevet: combien de brevets «reliés» à l'invention ont été trouvés et analysés?

4.3 Combien de brevets «pertinents» ont été cités (par les inventeurs) dans la section «art antérieur» du brevet principal?

4.4 L'examinateur a-t-il, quant à lui, trouvé beaucoup de brevets «pertinents»? (Ces brevets sont cités, aux États-Unis, dans la section «References Cited» qui apparaît sur la première page du brevet.)

4.5 Combien d'avis de rejet (*rejection*) ont été reçus pendant le processus d'examen du brevet?

4.6 Les revendications (*claims*) figurant dans le brevet accordé sont-elles différentes de celles figurant dans la demande initiale?

Cet examen doit bénéficier du soutien de l'inventeur. Il faut ici lui accorder beaucoup de confiance et une écoute attentive.

4.7 Le prototype et son fonctionnement sont-ils exactement conformes aux brevets accordés?

4.8 S'ils ne sont pas parfaitement conformes, est-ce que de nouvelles demandes de brevets sont définies et planifiées?

4.9 Combien de brevets ont été accordés à l'invention et à des inventions connexes dans le principal pays visé par les demandes de brevets (États-Unis, par exemple)?

En résumé, la propriété intellectuelle qui caractérise, singularise et différencie la nouvelle technologie la fait apparaître:

- ❑ Très crédible
- ❑ Plus ou moins crédible
- ❑ Peu ou pas crédible

Points forts:	
Éléments à consolider:	
Obstacles à prévoir:	
Pistes de solution à envisager:	

5. Le balisage technologique

Balisage qualitatif

5.1 Existe-t-il des technologies exploitées industriellement (n'importe où dans le monde) qui produisent les mêmes effets que l'invention?

> *En règle générale, les inventeurs trouvent cette question trop générale puisqu'elle est axée sur les fins. Ils préfèrent les questions qui focalisent sur les moyens et aimeraient mieux ne parler que des technologies qui créent les mêmes effets avec les mêmes moyens. On insistera toutefois sur la question.*

5.2 Combien?

5.3 Quels sont leurs points forts et leurs points faibles?

5.4 Est-ce que l'invention résout un problème que vivent ces technologies ou compense un de leurs points faibles?

5.5 Lequel?

5.6 L'activité industrielle est-elle intense dans ce secteur?

> *Un nombre de sites Internet d'entreprises peut être utilisé comme mesure. Certains sites qui donnent des actualités industrielles et font état de la construction d'usines peuvent aussi être utilisés.*

5.7 L'activité scientifique est-elle intense?

> *Pour cette question et la suivante, une recherche par mot-clé dans des banques de données permet d'obtenir une évaluation très rapide sans qu'il soit besoin de lire chacun des documents trouvés.*

5.8 L'activité de dépôts de brevets est-elle intense?

> *Les délais de mise à la disposition du public font en sorte que le jugement sera décalé d'environ deux ans vers le passé. En règle générale, ce jugement est toutefois suffisant.*

5.9 Ce secteur industriel est-il dominé par quelques multinationales?

Balisage quantitatif

5.10 En quoi l'invention est-elle meilleure que ce qui existe sur le marché?

> *On vise ici à établir des comparaisons quantitatives fondées sur des données chiffrées. Cela est souvent très difficile et ne pourra tout simplement pas être accompli à ce stade du développement car les données associées aux technologies compétitrices sont très souvent non disponibles.*

5.11 Quels sont les paramètres utilisés pour juger de la puissance et de la compétitivité d'une innovation (dans ce secteur)?

En résumé, le balisage technologique offre des perspectives qui font apparaître la nouvelle technologie comme étant:

- ❑ Très crédible
- ❑ Plus ou moins crédible
- ❑ Peu ou pas crédible

Points forts:	
Éléments à consolider:	
Obstacles à prévoir:	
Pistes de solution à envisager:	

6. Le fonctionnement du prototype

6.1 Est-ce qu'un prototype est en opération?

Si aucun prototype n'a été construit, vérifier avec soin tous les documents existants (en particulier les cahiers de calculs). Puisque dans un tel cas, le premier financement visera à construire un prototype, demander à voir les documents associés à la conception, à la fabrication et possiblement, à l'opération de ce prototype.

6.2 Si plus d'un prototype a été construit, quelles étaient les différences majeures entre le premier et le dernier (en particulier au niveau de la taille)?

Plus le facteur d'échelle sera grand (entre chaque génération de prototypes), plus la crédibilité de la technologie sera renforcée. Demeurer conscient que le financement disponible est très souvent un facteur limitatif. Si le financement n'est pas mentionné comme ayant été un facteur limitatif, approfondir les raisons de la «stase» technologique.

6.3 Quelle est la plus longue période de temps pendant laquelle le prototype actuel a fonctionné en continu.

Faire émerger les raisons technologiques. Essayer de dépasser les raisons (facilement invoquées) du manque de financement, de gestion des ressources humaines, etc.

6.4 Est-ce qu'une courbe montrant l'évolution du nombre d'heures de fonctionnement (en continu) est disponible?

Plus généralement, toute courbe qui pourrait à la fois être considérée comme une «courbe d'apprentissage» et une mesure du progrès technologique sera appréciée.

6.5 Est-ce que l'effet que le prototype doit créer est caractérisé, mesuré, quantifié à l'aide d'appareils de mesure simples, précis, disponibles sur le marché, étalonnés?

6.6 Est-ce qu'une courbe ou un graphique montrant la variation ou l'évolution de la performance du prototype en fonction du temps est disponible? Quelle est la valeur de la moyenne et de l'intervalle des «six sigma»? Est-ce que tous les points sont situés en dedans des «limites de contrôle»? Les situations «hors contrôle» peuvent-elles être expliquées? Ont-elles été corrigées? Comment? Avec quelle efficacité?

> Cette question s'appuie sur la méthodologie dite du «contrôle statistique des procédés» et sur les modes de gestion du type «six sigma». Nous renvoyons le lecteur curieux aux ouvrages de base de ce domaine, non sans citer toutefois un ouvrage excellent:
>
> Gerald Baillargeon, *Maîtrise statistique des procédés*, Les Éditions SMG, Trois-Rivières, Qc, 1992, ISBN 2-89094-052-7.
>
> Soulignons que la «performance» est ici liée à l'intensité de l'effet désiré.

6.7 Est-ce que des modifications ont été apportées au prototype actuel depuis sa première mise en marche? Combien de ces modifications sont qualifiées de «majeures»? Quel critère est utilisé pour qualifier une modification de «majeure»?

> *Extrapoler vers le développement futur et l'industrialisation. Vérifier que la réalisation de modifications «majeures» n'était pas liée à l'émergence d'un problème tout à fait nouveau et difficile à résoudre.*

6.8 Est-ce que l'opération du prototype est «difficile»? Quel critère est utilisé pour qualifier une opération de «difficile»? Combien de paramètres doivent être contrôlés pendant l'opération? Est-ce que l'opération du prototype présente des dangers ou des contraintes pour le personnel? Est-ce que l'opération du prototype entraîne (ou pourrait entraîner, en cas de dysfonctionnement) des problèmes environnementaux? Est-ce que le maintien du prototype en bon état de marche exige beaucoup de soins?

6.9 Est-ce que tous les matériaux utilisés pour la fabrication du prototype et toutes les matières utilisées pour son fonctionnement sont disponibles commercialement?

Si la réponse à l'un des deux volets de cette question est négative, vérifier les mesures que l'équipe a prises ou compte prendre pour assurer l'approvisionnement dans le futur (ententes avec des fournisseurs potentiels, génération de spin-off, etc.).

6.10 Est-ce que les expériences effectuées avec ou sur le prototype sont planifiées, structurées, effectuées avec méthode? Sont-elles structurées puis interprétées en utilisant des techniques statistiques? Parmi ces expériences, lesquelles ont visé une réduction de l'intervalle «six sigma»? Lesquelles ont visé un accroissement de la valeur moyenne (de la performance)? Les améliorations produites ont-elles été «significatives»?

Les techniques statistiques auxquelles on réfère ici sont celles de la «conception des plans d'expériences». Vérifier l'utilisation d'une méthode reconnue (Taguchi, par exemple) et l'utilisation d'un logiciel approprié. Si un logiciel est utilisé, valider les compétences en statistiques des utilisateurs.

En résumé, le prototype qui a été réalisé et mis en fonctionnement offre de la nouvelle technologie mène à considérer la technologie comme étant:

- ❑ Très crédible
- ❑ Plus ou moins crédible
- ❑ Peu ou pas crédible

Points forts:	
Éléments à consolider:	
Obstacles à prévoir:	
Pistes de solution à envisager:	

7. Les documents et la documentation

La présence des documents suivants ne démontre pas la validité de la technologie développée mais atteste de la rigueur des méthodes de travail utilisées et contribue à la crédibilité de l'équipe. Le recours à de bonnes méthodes de travail facilite le développement et l'amène rapidement à sa conclusion (quelle qu'elle soit). Vérifier la présence des documents sans nécessairement examiner en détail leur contenu.

7.1 Est-ce que des cahiers de calculs sont disponibles?

7.2 Est-ce que des plans et des dessins sont disponibles?

7.3 Est-ce que des simulations informatiques sont disponibles?

7.4 Est-ce que des procédures de travail sont disponibles (procédures d'opération du prototype, par exemple)?

7.5 Est-ce qu'une analyse de santé-sécurité est disponible?

7.6 Est-ce qu'une analyse du cycle de vie est disponible?

7.7 Est-ce qu'un dossier de veille technologique et scientifique est disponible?

7.8 Est-ce que des rapports, des synthèses de «veille technologique» sont disponibles?

7.9 La veille technologique proprement dite a recensé combien de brevets ou demandes de brevets?

7.10 Le dossier de veille scientifique contient combien de publications scientifiques?

7.11 Est-ce que des demandes de subvention ou des rapports de demandes de crédits d'impôts à la recherche scientifique et au développement expérimental (Canada-RSDE) sont disponibles?

7.12 Est-ce que ces demandes ont été accordées?

Puisque ces demandes sont examinées par des experts, le fait qu'elles aient été accordées confère une certaine crédibilité aux objectifs technologiques et à la méthode de travail utilisée.

7.13 Est-ce que des rapports scientifiques ou technologiques émanant de sous-traitants sont disponibles?

Les rapports émanant de firmes de génie-conseil sont particulièrement précieux. Le contenu de ces rapports devrait être analysé ultérieurement.

7.14 Est-ce que l'invention est fondée sur la thèse de doctorat de l'un des inventeurs de la technologie? Si oui, est-ce que l'universitaire qui était le directeur de la thèse fait partie de l'entreprise ou est un conseiller de l'entreprise?

En résumé, les documents disponibles offrent de la nouvelle technologie une image:

- ❑ Très crédible
- ❑ Plus ou moins crédible
- ❑ Peu ou pas crédible

Points forts:	
Éléments à consolider:	
Obstacles à prévoir:	
Pistes de solution à envisager:	

8. L'ANALYSE DES FORCES ET DES FAIBLESSES

8.1 Est-ce qu'une analyse des forces et des faiblesses est disponible?

8.2 Est-ce qu'une analyse AMDEC[2] est disponible?

8.3 Est-ce que tous les problèmes qui sont apparus lors de l'opération du prototype ont été enregistrés et colligés?

8.4 Peut-on définir ou imaginer des conditions sous lesquelles l'invention (et le prototype) ne fonctionnerait pas (c'est-à-dire ne produiraient pas les effets désirés, avec les intensités désirées)?

Préciser trois de ces conditions et évaluer leur probabilité d'apparition (au sein du prototype).

1re condition:

2e condition:

3e condition:

2. AMDEC signifie: Analyse des Modes de Défaillance, de leurs Effets et de leur Criticité

8.5 Peut-on définir des conditions qui limiteraient l'acceptation sociale et/ou le développement industriel de la nouvelle technologie?

Préciser trois de ces conditions et évaluer leur probabilité d'apparition (au sein d'une société ou d'un milieu de travail donnés).

1re condition:

2e condition:

3e condition:

En résumé, l'analyse des forces et des faiblesses montre une technologie qui est:

- ❑ Très crédible
- ❑ Plus ou moins crédible
- ❑ Peu ou pas crédible

Points forts:	
Éléments à consolider:	
Obstacles à prévoir:	
Pistes de solution à envisager:	

9. L'ANALYSE DE LA MISE À L'ÉCHELLE

9.1 Quel est le facteur d'échelle qui existe (ou existera) entre le prototype qui a été réalisé (ou celui qui sera réalisé avec le financement) et les installations industrielles qui sont envisagées? (Les installations industrielles seront-elles, en général, dix fois, cent fois, mille fois plus «grosses» que le prototype?)

9.2 Est-ce que l'équipe technique est obligée de produire elle-même certaines matières, certains équipements dont elle a besoin? Pourquoi?

Souvent une équipe procède ainsi pour tirer le maximum des fonds dont elle dispose et aussi pour utiliser toutes ses compétences. Il importe de déterminer si d'autres causes sont à l'œuvre et les façons dont on pourra y pallier (remplacement d'un matériau rare ou trop coûteux, par exemple).

9.3 Est-ce qu'une analyse de mise à l'échelle est disponible?

9.4 Est-ce que l'équipe technique est sensible aux problèmes posés par la mise à l'échelle? Pourquoi?

Lorsqu'une équipe innovante est composée de scientifiques n'ayant aucune expérience industrielle, on peut comprendre qu'elle est mal outillée pour prédire les problèmes de mise à l'échelle.

En résumé, l'analyse de la mise à l'échelle conduit à penser que la technologie est:

❑ Très crédible

❑ Plus ou moins crédible

❑ Peu ou pas crédible

Points forts:	
Éléments à consolider:	
Obstacles à prévoir:	
Pistes de solution à envisager:	

Vue d'ensemble de l'évaluation de la nouvelle technologie

Tableau-synthèse

Critères d'analyse	**Échelle d'appréciation**			
À l'égard des critères suivants:	**La nouvelle technologie est:**			
	+ Très crédible	+ ou − Plus ou moins crédible	− Peu ou pas crédible	Je ne peux me prononcer
Les bases scientifiques				
L'idée fondatrice, ses racines, ses ramifications				
L'inventeur, l'équipe technique et leurs compétences, processus technique, processus d'innovation				
La propriété intellectuelle				
Le balisage technologique				
Le prototype				
Les documents				
L'analyse des forces et des faiblesses				
L'analyse de la mise à l'échelle				

Remarques:

- Éléments forts:
- Éléments à consolider:

Recommandation:

- ❑ Investir dans cette nouvelle technologie
- ❑ Poursuivre l'investigation au regard de…
- ❑ Ne pas investir dans cette nouvelle technologie

MARQUIS
Marquis imprimeur inc.
Québec, Canada
2007